情绪掌控力

做内在有力量的自己

陈思

華中科技大學出版社
http://press.hust.edu.cn
中国·武汉

图书在版编目(CIP)数据

情绪掌控力：做内在有力量的自己/陈思著．—武汉：华中科技大学出版社，2023.5

ISBN 978-7-5680-9405-4

Ⅰ.①情… Ⅱ.①陈… Ⅲ.①情绪－自我控制－通俗读物 Ⅳ.①B842.6-49

中国国家版本馆CIP数据核字（2023）第069074号

情绪掌控力:做内在有力量的自己

Qingxu Zhangkongli : Zuo Neizai You Liliang de Ziji

陈思　著

策划编辑：饶　静

责任编辑：饶　静

封面设计：琥珀视觉

责任校对：谢　源

责任监印：朱　玢

出版发行：华中科技大学出版社(中国·武汉)　　电话:(027)81321913

武汉市东湖新技术开发区华工科技园　　邮编:430223

录　　排：孙雅丽

印　　刷：湖北新华印务有限公司

开　　本：880mm×1230mm　1/32

印　　张：8.5

字　　数：183千字

版　　次：2023年5月第1版第1次印刷

定　　价：68.00元

- 序 -

陈思是我的学生，我看着她一路走来，突破了许多困难和阻碍，找到了她的天命之事，完成了她的代表作，成长为作家版的自己，真心为她感到高兴。

情绪是每个人都要面对的功课，但是情绪看不见、摸不着，想把情绪写得清楚又易懂并不是一件容易的事。庆幸的是，我们有了这本书。我相信它会在这个时代帮助更多的人。

随着社会竞争的加剧、生活节奏的加快、高科技的飞速发展，人们面临的压力不断增加，越来越焦虑。了解情绪并且学会情绪处理的方法，是每个人的必备技能之一。但是有的父母和老师很少教我们如何面对自己内在纷乱的情绪感受，所以心理健康问题逐渐增多，生活的质量不断下降。人们都在忙碌中苦苦寻找着开启幸福的钥匙，却不得其果。

陈思是一名心理咨询师，有着十多年丰富的心理学经验，同时她又热衷于探索心灵成长，书中很多案例都是她自己的亲身经历，描述了她穿越自己人生低谷的过程，以及如何通过探索负面情绪，获得自己内在力量的过程。她细腻的文笔让读者可以感同身受，让你可以在她的文字中看见自己，让你有机会透过这些文字架起的桥梁，跟自己的内在开展对话。你会发现，掌管你幸福的钥匙，就在你的心中。

关于书名，还有一个小故事。陈思曾经跟我探讨过书的名字，我们一致认为情绪是不可掌控的，但是依然使用了《情绪掌控力》这个书名，是因为我们知道太多人都渴望掌控情绪。但是当你看完这本书，你会发现，情绪是你的信使，是你最忠实的朋友。当你愿意放下抗拒真正进入情绪，去获得情绪带给你的信息，你的人生会因此获得无限的启发和智慧。

有人有天赋，有人很努力，而她则是行走在努力的路上，让天赋之花得以更好地绽放。

我鼓励她要继续写下去，第二本、第三本……把她不断精进的成长和领悟用各种方式分享出来，点亮更多的人，并由写作发展出更多维度的身份。我已经出版了36本书，但我不仅仅只是作家，写作也帮助我发展出来许多不同的身份：文案、广告人、教育家、北大讲师、电影节评审、创意旅行家……

我更愿意称自己为“地球探险家”，所以我在写作课中教给大家的不仅仅是写作的技巧，还有如何开启创作型的感官。让你可以一边生活，一边在生活中收集灵感，一边写作。即使你在地铁中，旁边人的对白，都可以成为你书中的情节。灵感就像这样每时每刻都会蜂拥而来，扑向你。这就是我一直秉持着的每个人都是作家的理念。

此刻我正在荷兰旅行的途中，非常感动地写下这些文字，人生是没有标准答案的，但是却有可以让生活变得更好的方法。祝愿你可以在这本书中，了解情绪，穿越情绪，与情绪握手言和，并通过情绪带来的智慧，找回内心真实的力量！

李欣频

知名作家、广告人

北京大学新闻与传播学院客座讲师

- 前言 -

我希望这是一本你打开之后，愿意读下去的有关情绪掌控的书。因为一本书能够给予你的最美好的东西可能不是知识，而是启发你进入全新的角度和视野，让你通过一本书，激发出你内在的智慧。那个智慧早已在你内心深处，你需要做的只是唤醒它。

十年前，我经历了一场抑郁症，但因为怀着宝宝不能吃药，所以凭着一股为了孩子必须好起来的韧劲，一头栽入心理学的学习中。经过三年时间，我彻底治好了自己，也因此久病成医，得以深刻了解情绪的产生和运作机制，以及它是如何对我们造成影响的。从此，我开始以心理咨询师的身份为更多人提供帮助。

每次有痛苦的人找到我做咨询，我都会像看到过去的自己一般。这让我开始思考，是否能把自身这十年的经验写成一本书，将我所有的知识和领悟化作一艘小船，载更多人过河，让他们不需要花费五年，甚至十年，可以在很短的时间内，就能从一种被情绪控制的状态中走出来，完成情绪的蜕变，获得生命的礼物。

这本书的所有理论都是基于人类历史和当今伟大的科学家、心理学家、专家学者们的智慧，如果说我独创了什么，那就是我的全部真实体验和领悟。我也希望能够尽可能地把这些体验和领悟通过文字表达出来，这是比知识本身更宝贵的礼物。

同时，你仍然需要付出努力去练习。因为只有真正的行动，才能把我的文字变成你的领悟，并且在你的人生之中真正起到神奇的作用。

任何改变都是从尝试开始的。就像学习开车，你可以满分通过考试，但是这并不意味你可以真正开好一辆车。只有随着你的驾驶技术越来越熟练，这些理论才能融入你的驾驶过程中。

这个世界上有太多的人被情绪所困扰，如果你也是如此，那么我邀请你进入这本书，同我一起，重新认识情绪，并从正确处理情绪问题的过程中，获得内心真正的自由。

我是在突然发作的抑郁症中才突然意识到，原来情绪真的可以杀死一个人。之前我从未认真留意过情绪的问题，只是觉得生活不开心，但是我以为那都是别人的问题，是别人做了让我不开心的事情，我只需要去反抗让我不开心的人、事、物就行。事实证明，这并不是一个明智的做法，因为它差点毁了我的人生。

我经历过人生的暗夜，但是现在我无比感恩它。正是它的存在，让我现在可以完成这本书。正是它的存在，让我明白原来人生永远有更多的可能性。

在生活中，大部分人往往都身处这样的一种状态——不知不觉，即不知道人生为什么会这样，也不知道该怎么做才是正确的，甚至不知道自己在做什么，完全处于一种无意识的状态中，糊里糊涂地生活。

当我们真正开始深入内心，不管是主动的还是被迫的，我们都会来到第二个阶段——后知后觉，即我留意到自己刚才发了脾气，做了伤害别人或者伤害自己的事，但是后悔已经来不及了，不想要的结果已经发生了。

接下来是第三个阶段——正知正觉，即我在情绪爆发的过程中突然意识到我正在做什么。这个时候你就有了很大的主动性来掌控事情的走向，以使其不会发展为不想要的结果。

最后一个阶段，也是我们所有人都期待的阶段——先知先觉。你可以在情绪来临的瞬间就发现它，有趣的是，当你捕捉到它的时候，它就不会再控制你了。你会收到情绪传递的信息，并与情绪和平共处。尽管它依然存在，因为情绪永远不可能消失，但是它对我们生活的负面影响已经非常小，并且可以让情绪为你所用，最大化实现情绪的价值。

坦白讲，除了偶尔几次我会在情绪爆发之前意识到情绪已经袭来，大部分时间我都还处于第三个阶段，也就是我会在我发火的时候意识到我又失控了，在无助的时候意识到我又陷入悲伤了，然后及时进行调整。尽管如此，我的生活已经有了翻天覆地的变化。我从一个非常情绪化的人变得平静，不再被情绪困住，无法脱身。这是十年前的我无法想象的，而我也迫切希望在看这本书的你们同样经历这种无法言说的喜悦。

所以不要心急，情绪的修炼没有所谓的捷径，但是一定有正确并且有效的方法。请允许自己一步一步地走，任何能力的习得都是螺旋上升的过程，包括对情绪的调节和掌控。遇见问题或者感觉自己退步都很正常，因为你要从一种习惯和模式跳转到另外一种习惯和模式，这是需要时间和大量练习的。

这本小书，我尽力把高深的心理学写得轻松易读，让你可以在空闲的时候随手翻开，找到感兴趣的部分，读上一小会儿。如果内心有被触动而泛起涟漪，或者引发了你的思考，或者让你有所领悟，就放下书，回到你的内在继续探索。哪怕只有一颗小小的种子被种下，假以时日，种子也会慢慢生根发芽，直至长出参天大树。

在写这本书的时候，我刚好经历了一次巨大困境引发的情绪动荡，而我也使用了书中的方法帮助自己。这也更加让我笃定，这些方法是真实且有效的。在此，我想感谢我的先生对这本书的大力支持，并专门绘制了精美绝伦的画作；感谢编辑饶静，没有她的辛苦付出，就没有这本书的精彩呈现；感谢李欣频老师，是她教会了我如何写作，并改变了我的一生；感谢秋叶大叔的团队，尤其是晓露老师，在选题策划和大纲方面的用心反馈；感谢海峰老师的“DISC+”社群，给了我所有需要的资源和帮助；感谢马利老师对本书的支持和推荐。

越跟情绪相处，我越爱上情绪带给我的所有体验。与情绪共舞，是我体会世界、认识自己、获得智慧的一种重要方式。

我带着极大的爱来完成这本书。在写这本书的时候，我会想象对面坐着十年前的自己，以及此刻我能够给“她”的最有用的方法和建议是什么。

我希望这本书能够对每个处于情绪困扰中的人都有所启发，这也是我的野心。我想借由情绪这个主题，让更多的人明白，情绪是帮助我们人生不断成长的重要阶梯。我也希望能够打开一扇门，把关于生活的全新可能性展示给你们。

所以，不管你处于什么样的困难和纠缠中，有着怎样无法摆脱的负面情绪，当你读完这本书，我都希望你能够重新爱上生活。

让我们一起，创造生命中复原的力量。

作者陈思微信，欢迎咨询

CONTENTS

目录

CHAPTER 4

辑四 从根源解决情绪问题，迎接全新人生 _091

CHAPTER 5

辑五 常见的负面情绪以及应对策略 _207

辑一

为什么情绪搞乱了你的人生？

1.你不懂情绪，它就会左右你

成年人的崩溃，往往就在一瞬间。

有时候，并不是因为发生了什么山崩地裂的大事，仅仅是日常累积起来的烦心琐事，就可以击垮一个人。学业的压力，工作的不如意，无休止的加班，感情的伤害和失去，年龄一天一天老去，却觉得越来越迷茫，曾经的梦想早已消散，只能刷手机打发无聊的时光，越来越“社恐”，想找个人倾诉一下心事，翻遍通讯录最后却变成两个字：算了。

世界如此孤独，好像只剩下自己一个人。表面上云淡风轻，内心早已溃不成军。每天围绕自己的似乎只有无尽的负面情绪，但是为了眼前的生活，为了下个月的房贷，为了背负着的家庭重担，你告诉自己咬碎了牙也要撑下去。可是，不如意的事往往一件接着一件，打得我们措手不及。

曾经在网络上看到过一个帖子“那些深夜痛哭的成年人”，里面描述了这样几个令人心疼的场景。

深夜的南京地铁站里，一名西装革履的男子醉倒着躺在墙角，崩溃痛哭：“我和老婆来南京打工，几年了，什么苦都尝遍了。为了签单，天天陪客户喝酒，我真的不会喝酒，不想再喝酒了……”

十几分钟后，妻子闻讯匆匆赶来，男子再也忍不住了，像个孩子一样一头扎进妻子的怀里，哭着说：“宝宝，对不起，我真没用，我对不起你。”看着眼前这个失声痛哭的男人，妻子心疼地抱住了丈夫……

收费站里，为了清理车道，女收费员帮忙推走前方的故障车辆。由于耽误了几分钟，而后面排队的司机并不知情，便对她大声吼叫，嫌她动作缓慢。女孩刚工作不久，一时委屈忍不住哽咽，面对车主时依然保持微笑，但下一秒她回过头来就偷偷抹掉眼泪……

记得有一次朋友打电话来倾诉，说她刚被领导批评完，明明不是自己的问题，却当了“背锅侠”，满肚子的委屈和愤怒无处诉说，碰巧孩子的老师又打来电话，说孩子最近学习成绩直线下降，作为家长她为什么一点都不上心。回到家，疲惫不堪的她准备着晚饭，听见老大和老二因为争抢玩具打成一团，哭声震天动地，而孩子们的爸爸，她的“猪队友”，无视家里的一片狼藉，正四仰八叉躺在沙发上刷短视频，面带着微笑……她说她恨不得变成喷火的巨龙，把这一切都烧得干干净净。

这不是我们想要的生活，对吗？当然我们确实无法改变生活中已经发生的事，但是如果我们能够让自己在经历这些事情的时候，不再经受巨大的负面情绪的摧残，我们的痛苦感受也会减少许多。

常常听到这样一句非常励志的话："我们无法改变天气，但是我们可以改变心情。"但是我想问的是，你真的可以很容易地做到改变心情吗?我相信你的答案一定是大写加粗的"NO"!但我也相信你其实早已经受够了负面情绪的苦，你或许一直在寻找一种方法，让自己可以从这些纠缠不休的负面情绪中摆脱出来，不再任由负面情绪操控我们的人生。

好消息是，你的愿望可以实现。你一定可以过上一种不受情绪控制、自由自在的生活，有无数人成功践行了这本书中的方法，包括我自己。俗话说：方法不对，努力白费。你无法从负面情绪中脱困，不是因为你不够聪明，而是因为用错了方法。

如果想知道该怎么应对情绪，最好从先花一点时间了解情绪到底是个什么"东西"开始。就像你如果不了解一个人，一定不敢轻易想要与对方相伴一生，因为不了解而带来的冲突，绝对会让你心力交瘁。情绪可能是比任何人陪伴你都要长久的东西，它值得你用生命中的五分钟去揭开它神秘的面纱。

在《普通心理学》中，是这样解释情绪的：由于情绪的复杂性，情绪的概念至今还没有达成一致。一般认为，情绪是以主体的愿望和需要为中介的一种混合的心理现象，即主观体验、外部表现和生理唤醒。情绪是人脑的高级功能，由大脑的自主神经系统控制。

如果觉得很难懂，那就忘掉它，直接看下面的解释就可以了：

（1）人类目前对情绪的研究还没有完成。

（2）情绪是一种非常复杂的现象。

（3）情绪跟我们的愿望和需求相关，如果发生的事情跟我们的愿望相符，我们就会获得积极的情绪，如果发生的的事情跟我们的愿望不相符，我们就会感受到消极的情绪。

（4）控制情绪的不是我们的自由意志，而是大脑的神经回路。

（5）情绪是高级功能。

你不懂情绪，是再正常不过的事。无数的科学家、心理学家，也都还在致力于对情绪的深层探索中。但是，要说情绪是高级功能，开玩笑吧？我相信你不但不觉得它高级，反而常常希望它永远消失在你的生活中，当然，这里特指的是负面情绪。

你有没有想过，人类进化了几百万年，很多无用的功能都消失退化了，为什么情绪这个功能还一直保留？它带来如此多痛苦和麻烦的负面情绪，为什么不在人类的进化过程中消失？

当我们的祖先还在原始社会中狩猎的时候，生存环境十分恶劣，为了能够生存下去，他们必须随时警惕危险的发生，遇见猛兽，打不过就要赶紧逃跑。如果没有“恐惧”这个情绪，人类也许早已灭绝，无法繁衍至今；如果没有“焦虑”这个情绪，人类不会未雨绸缪，更不会学会耕种，储备粮食，也许今天还过着饿一顿饱一顿的日子。愤怒会让人类在被欺负的时候，夺回自己的领地，悲伤可以让人类吸取教训，总结经验……所有的负面情绪都有着无可代替的重要作用，但是当我们不懂得它们的意义时，就会拼命地想尽办法让其消失。

正是因为情绪的重要作用，它被设定为不受自主意识控制，而是由我们的“中央司令部”——大脑来操控。这就是我们无法控制情绪的原因。当大脑感受到威胁的时候，情绪的产生由大脑直接下达指令，即刻生成。大脑下达指令后，我们要切实感觉到情绪的产生，还要经历更复杂的过程，也耗时更长。这就意味着当我们意识到情绪的时候，它已经产生了。

很多抗抑郁的药都是基于这样的研究而产生的。这些药的作用是让神经元无法将大脑的信号迅速传递出去，所以自然就阻碍了情绪的生成。但是同时它也会让人产生头脑里好像变成一团糨糊的感觉，思考的速度也变得不那么快了。

情绪本身是一种非常精妙绝伦的设计，但是往往因为我们不懂得运作原理，使得负面情绪给我们的生活带来不少麻烦。比如，只是辅导孩子写作业这样日常的小事，都可以触发我们的警报系统，让我们的大脑因为感受到不安全感而立刻产生负面情绪——瞬间暴跳如雷。

要想改变情绪对我们的影响，我们要做的不是与情绪这套神经系统对抗，而是了解情绪启动装置的触发原理，理解情绪为什么会出现，出现之后我们应该如何应对，从而改变我们因为恐惧不安而本能抗击负面情绪的心态。

2. 三种起源，找到情绪来时的路

刚刚讲了情绪的生理机制和历史起源，你是否会疑惑：既然情绪是“标配”，每个人都有，那为什么每个人的情绪状态和反应都不太一样呢？同样一个考试，有人考得不好就会伤心流泪，唉声叹气，有人考得不好却一副“事不关己高高挂起”无所谓的样子；同一部电影，有人看得热泪盈眶，有人却鼾声如雷。对同样的事情，似乎每个人都有不同的反应，是什么造就了这样的不同？

这就要讲到情绪的三种来源：基因、家庭和环境。

首先，基因是指我们从祖先和父辈那里继承而来的遗传物质，它让我们带着不同的先天情绪特质降生到这个世界上。

其次，家庭是我们成长的地方，每一位家庭成员的行为和态度都会对我们的情绪产生深远的影响。充满温馨的家庭可能会让人感觉幸福和满足，而父母情绪暴躁，会让你更容易感觉沮丧和无助。

最后，环境也会影响我们的情绪。无论是朋友社交还是学习工作，这其中经历的成功和失败，被批评或者被赞扬，无时无刻不左右着我们的情绪。

当然，这三个来源之间也会相互交织，相互影响。例如，基因会影响我们对情绪的敏感程度，而家庭和环境也会激发或者抑制我们的基因呈现。所以，每个人都是一个独特的个体，你不需要成为任何人，你只需要仔细了解自己，然后拿回自己的力量。

人生下来就拥有五种基本情绪：喜、怒、哀、乐、惧。这是情绪的基本底色。0—6岁的孩子一般处于吸收性心智阶段，也就是说，他们会像海绵一样无差别地吸收周围环境中的一切，包括父母的情绪模式、行为模式、说话的方式等。孩子就像复印机，不断把通过所有感官收集到的信息全都复刻到自己的大脑中。

在这个过程中，孩子会通过观察和学习将这些情绪底色像调色一样，调和成无数种不同的颜色，也就是各种复杂的情绪，比如失望、懊悔、忧虑……

如果你有个爱抱怨的妈妈，那么你有很大概率同样会是一个容易抱怨的人；如果你有一个爱发脾气的爸爸，那么你同样也有很大概率会是一个脾气暴躁的人。你会沿袭父母的行为模式、语言模式、思考模式，包括吵架的模式。也许这不是你本意，但是你会发现，在不知不觉中，你已经被家庭和环境塑造成了这样的人。

我们会在某一刻，发现自己是一栋按照别人的图纸搭建出来的房子，而那一刻，也是推倒这些围墙，重新盖一栋属于自己的小屋的机会，任何时候都不晚。

所以，如果你很情绪化，这不是你的问题，不是你不够好，不是你比较糟糕，也不是你不够强大，而是因为从小到大，没有人教会你应该如何处理情绪。幸运的是，你开始想要去学习一种全新的应对情绪的方法，而这就是你开始全新人生的机会。

虽然你被无意识中塑造成为了这样的你，也许你并不喜欢这样的自己，但这并不是坏事，你只有知道自己不想成为什么样的人，才可能清楚地知道你想成为什么样的人。而你现在随时都有改变自己现状的权利。

你不愿意做一个易怒的人，
但当你被嘲讽，被攻击，
愤怒在帮你筑起一道保护墙。

你不愿意做一个爱哭的人，
但当你失去心爱的东西，
悲伤帮你从压抑中释放。

你不愿意总是嫉妒别人，
但当你看到更优秀的榜样，
嫉妒帮你插上努力的翅膀。

别怕，孩子，
我们是你的情绪。
但我们并不会伤害你，
其实我们是在守护你呀。

再也无处可逃了
我会被情绪杀死吗？
为什么我要经历这样的不幸？
我做错了什么？

呀，
原来我一直在误会你们，
用错误的方式对待你们……

你们愿意牵着我的手，
带我去看看情绪的世界吗？
掉进无边的黑暗深渊
谁来救救我……

即使我们奋力抵抗，
依然不是它们的对手。
我们被逼到绝路，
拼尽全力却无能为力。

原来，
所有的情绪都隐藏着智慧。
当我们学会去接纳，
用心去感受，
就能把它们转化成生命的礼物。

向光而行
它们总是像恶魔一样如影随形，
拼命纠缠着，让我们无处可逃。

从我们出生开始，
就被各种情绪围绕着。
有些情绪感觉很舒服，
但是有些情绪……

回归宁静

情绪掌控力——做内在有力量的自己
治愈系情绪小绘本
陪你找回内在有力量的自己

3.没有不好的情绪，只有不对的方法

情绪本身没有问题，但是如果使用了错误的方式来对待情绪，就会产生问题。其实说错误的应对方式是不准确的，因为这些应对情绪的方式大多来自本能。自然界中大多数动物本能的应对情绪的方式主要有两种：逃避、战斗。

人类是高等动物，在面对情绪时也有同样的本能：要么跟情绪战斗，要么被情绪吓跑。除此之外，还有一种应对方式，你可能见过有些动物在面临巨大的生命威胁时直接倒地装死，装死在自然界是一种保护，因为很多猛兽不吃死掉的东西。而在人类的世界，我们往往会用压抑来进行自我保护。

小时候，当我们遇到情绪上的压力和困难，比如考试没有考好，被父母责骂，我们就会采用这些本能的情绪处理方式。在那个时候，我们显然没有力量去跟造成我们压力的来源以及我们的负面情绪去战斗，所以小孩子使用得更多的是逃避的方式，行为上可能会表现为顺从父母从而避免过多的惩罚，但这并不是我们真正愿意做的事。当我们不断强迫自己做一些不想做的事情时，我们内心就会涌现出许多不舒服的感受，而我们同样不知道如何处理这些情绪感受；当我们尝试表达不满的时候，如果遭受到的也是惩罚，那么我们学到的就是这些情绪是不好的，我们要把它们压下去，不能再出现。

当我们成年之后，即使已经有了很多的力量，却往往还是会习惯沿用小时候的方式来处理压力和困难。

我曾经让一个来访者闭着眼睛，在想象中去感受小时候他经历的一个挫折，并描绘其在他心中有多大，他说有他张开双臂围成一个圆圈那么大。我让他继续闭着眼睛，在现实中比出那个圆圈，他做出了同样的姿势。

我请他睁开眼睛看一下，他在想象中看到的痛苦和现实中表达出来的是否一样大。他吃惊地说，虽然是同一个姿势，但是刚才在想象中看到的痛苦并没有他现在圈出来的那么大。

我又让他有意识地重新调整那个痛苦和压力的大小，他慢慢地缩小手臂的范围，最后围成一个西瓜的大小。我问他："这个时候，你相信自己有力量处理它吗？"来访者笑着点头，他说他一直以为小时候的那个挫折带来的痛苦程度有多大，现在也会有多大，所以他一直不敢去面对。

我们总是忘记，自己已经长大。我们也忘记，痛苦其实就凝固在那里，并没有随着我们长大而一起变大，但是当我们没有觉察到这一点，就会如同这位来访者一样，担心自己依然没有力量处理曾经的痛苦。

担心是因为我们小时候的生活没有给自身建立起足够的安全感，担心源自对生命的不信任，并且我们往往一生都试图在生活中复制小时候的经历，我们活在过去的经历中，活在过去的恐惧中。小时候经历的对生命的无力感、无法掌控感，全部变成我们应对现在生活的方式，但是我们从来不审视这些方法是否有效。

小的时候你没有办法，不代表现在没有办法；小的时候你的经验，已经完全不适合现在。就像拿着二十年前、三十年前的地图，在现在的城市里找路，你一定会迷失，因为你从未及时更新你的导航系统。

动物园的小象，如果小时候就一直被铁链拴着，任凭它怎么尝试挣脱都无济于事，即使它慢慢长大，力气大到可以将树连根拔起，但是它却不会再这样做了。因为它相信小时候束缚它的那个力量，大到可以束缚它的一生。

拴住大象的不是铁链，而是它认为自己无法逃开。

但是如果有一天，一头大象偶然挣断了铁链，那么其余的大象就会被提醒：原来我们还可以有这样的选择。同样地，当你看到自己过去本能应对情绪的方式，同时也看到还有其他更好的方式，那么你就有机会作出改变，因为你知道，你的人生有了更多选择。

逃避、战斗、压抑，这三种本能的应对方式，只是为了生存，让我们活下去。但我们现在面临的问题不是如何活下去，而是如何活得更好，活出我们想要的生活。就如同你买了电脑之后，需要安装软件一样，电脑系统也有很多自带的软件，这些软件可以用，但是也许并未达到你的要求，它们不够方便，不够有效率，我们的情绪应对方式也是如此。

接下来，我们就仔细了解一下这三种本能的应对方式会对我们的生活造成什么样的不良影响。你越是了解它们对你的生活带来了什么坏的影响，你想改变的决心才会更加坚定。而我们最终的目的是要超越这些本能的反应，掌握真正有益于我们生活的情绪处理方式。

逃避：让你对生活闭上眼睛

逃避，对应的动物本能应对方式是逃跑。试想一下，在什么样的状况下你会需要逃跑？当对方太强大，而你根本不是对手的时候，打不过，就只能逃了，而这种状况我们每个人从小就在经历着。

通常来说，我们刚刚出生时，会受到父母的细心呵护。随着年龄的增长，我们可以爬行，可以走路，我们的探索范围扩大了的时候，这个新奇的世界无时无刻不“激荡”着我们的好奇心，我们会做很多“不该”做的危险的事情，比如拿危险的东西、把不能吃的东西放到嘴里……

这一定会引起父母的焦虑，严重的时候还会教训我们。对于小孩子而言，父母就是一个庞然大物，小孩子当然都不想被批评，因为这种感受很不舒服。但是孩子太弱小了，他们唯一能做的就是逃避。我的小儿子今年两岁，当我严厉指出他的错误行为时，他会边哭边把脸扭向一边。如果不是我紧紧抱着他，他大概率会跑进房间里躲起来。

当我们渐渐长大，如果一直没有学会新的应对情绪的方式，我们会去逃避我们可能面对的一切痛苦。

我曾经就是一个很擅长逃避的人，大学毕业的时候进入了很不错的单位，仅仅一年，我就因为不开心，直接离开了单位。当时院长跟我谈话，问我除了离职，有没有其他的解决方式，我说没有。因为在我心中，除了离开，不可能有别的方法。现在当我回头看这段经历，只能摇摇头，一声叹息。先叹年少轻狂，再叹年少无知。除了工作上的逃避，生活中也是如此。当我跟别人发生争执时，我会扭头就走；在家跟家人争吵，我也会摔门而去。这看起来很酷，但其实是很傻的行为。

有一次我跟先生吵架，再次摔门离开，那是傍晚时分，天色已经暗淡无光。而我因为走得匆忙，手机和外套都没拿。外面风很大，寒冷的风让我瞬间冷静下来，还有时不时传来的狗叫声，让那一刻更加凄凉了起来。我有点后悔自己的冲动了。我还回头看看先生有没有追出来，答案是没有。

我第一次开始反思我的行为，我为什么会用这样的方式解决问题？我想到了在很多年前妈妈跟爸爸吵架时，妈妈摔门离开的情景。当时我很小，不太懂事，但是我被那个场景吓坏了，我哭着抱住妈妈的腿求她不要走。没想到，长大之后，我也成为了这样的人。而我这样离开，会对我的小孩造成什么影响呢？想到这里，我深深吸了一口气，转身回家了。

那是非常触动我的一次经历，让我开始反思我为什么会成为有这样情绪状态和行为模式的人。如果你也是一个跟我一样喜欢逃避的人，你可以去追溯一下，你的家族中是否有同样的人，而你在从小到大、耳濡目染的过程中，这个应对模式是否也悄悄沿袭到了你的身上，成为你的一部分。

逃避可以让你暂时脱离痛苦的场景，但是那件烦心的事并没有因此消失。是时候做个选择了，你还要逃避下去吗？

战斗：让你对生活充满敌意

战斗，听起来有点厉害。可是，你的对手是谁呢？

某个人做了让你生气的事，或者说了激怒你的话。如果这个人做完这些事就离开了，但是你的愤怒还在，愤怒让你胸中燃烧着痛苦的火焰，这时你该与这个人战斗，还是与愤怒的感觉战斗？

你当然可以跟带给你痛苦感受的那个人战斗，但那个人可能是你生命中很重要的人，你该如何跟对方战斗？我们都不忍心伤害我们的家人、亲人、朋友，即使在气头上口无遮拦地说出了伤害对方的话，心中都会隐隐作痛，后悔自责，更别说要拔刀相向了。

你也可以跟带来痛苦的感受战斗。但即便你是一个剑术高手，面对看不见摸不着的情绪，你又该如何出手？周围明明都是空气，却可能给你四面楚歌的恐慌感。战斗带来的最终结果一定是两败俱伤，但是能战斗，说明你并未向生活妥协，你仍然有激情去为自己创造不同的生活。

在霍金斯情绪能量表中，勇气是正向情绪能量的开端。所以，面对你的勇气，别轻易丢掉它，请保护它，如果使用了正确的方法，这股力量将成为开辟全新人生的巨大动能。

压抑：让你对生活关上心门

当领导批评你的时候，你虽然心里百般不爽，但脸上仍然拼命挤出一丝难看的微笑，这就是压抑。因为在这一刻，为了保留这份工作养家糊口，你不能转身就跑，你也不能对领导破口大骂。这就是生存本能在人类身上的体现。

压抑是一种自我保护机制，让我们避免了不愿意面对的冲突，让我们退回到自己的空间里，获得短暂的喘息的机会。但是压抑带来的副作用远远大于它的功能，压抑的人，往往会变得痛苦、委屈、愤怒，失去对生活的热情。

中国人是很擅长压抑情绪的，尤其是中国的男性。因为中国有句古话：男儿有泪不轻弹。我们的社会环境对男性尤为苛刻，当男孩子感觉到伤心、愤怒、委屈的时候，当他开始尝试表达情绪的时候，他往往会被告知一句话：你是男孩子，不能哭！不许哭！丢不丢人?

当这句话出现的次数足够多，这个想法会成功铭刻在男孩子的记忆中，即使以后没有人再对他说这句话，他都会时刻监督自己，让自己觉得不能暴露情绪，否则就会被全世界嘲笑。有一次，我在看完电影的时候，因为感动而一直流泪不止。这个行为把同去看电影的男性朋友吓坏了，很明显他不知道该如何应对这种场面，我反而被他手足无措的样子逗乐了。

不止男性，当我们小时候用哭闹或者发脾气的方式来表达我们的感受时，如果我们的爸爸妈妈或者其他抚养人总是呵斥我们、阻止我们，慢慢地，我们就会学会压抑情绪。当我们一有负面情绪就被惩罚，我们的大脑就会建立一种关联：负面情绪＝惩罚＝错误＝不应该。

可是，我们被要求不能发脾气，却没有人教我们该如何做，这造成了最大的困扰。既然不知道该怎么办，压抑情绪就成了最常被使用的方法，从此我们就会对负面情绪敬而远之，来一个压一个，来一对，压一双。

压抑的人会产生一种补偿心理，这种心理很容易毁掉自己或者毁掉别人。比如节食的人很容易走向暴饮暴食的极端，这就是一个很常见的例子。

如果你发现你很难跟某个人谈感受，那他一定是一个习惯压抑情绪的人。而这样的人表面看起来也许温文尔雅，但是他的内心一定藏着一个隐形的火山，如果哪天压抑的情绪超过他所能承受的极限，就会如鲁迅先生的那句话一样：不在沉默中爆发，就在沉默中灭亡。

如果能爆发，还算是好事。我们一定要留意的是那些带着“算了吧，还有什么好说的”这样想法的人。如果你习惯压抑自己，记得要给自己找到一些适当的出口宣泄情绪，一个很重要的原则是：不伤害自己，不伤害别人，不做对社会有危害的事。

学会情绪处理的万用法宝

1. 一个暂停键，阻止快要喷发的火山

在我们的身体中，安装了一个可以对情绪进行急救的开关，那就是呼吸。

什么？呼吸也能成为一种方法？

当然！

这是被很多人轻视了的方法，但是效果却非常神奇。就是因为呼吸太简单了，只要活着人都会有呼吸，所以我们从来不去在意它，只有当我们呼吸困难的时候，才会发现它的存在。

从生物学角度来看，人体自律神经中包括交感神经和副交感神经。交感神经及副交感神经两者一方占优势另一方就居劣势，通过这样反复的一高一低来维持平衡。当我们的呼吸加深加长（深呼吸）的时候，交感神经模式转移到副交感神经模式。这时候我们的心率降低，血压下降，消化系统能力提高，免疫系统也更强。呼吸

越慢，神经系统越平静。

别看只是简单的呼气和吸气这两个动作，它不仅维持着我们的生命，还调节着我们身体的各种功能，使其保持稳定和平衡。但是当我们出现巨大的负面情绪的时候，比如愤怒，你会发现呼吸立刻变得急促，血压也随之上升，这个时候如果能通过调节呼吸，让呼吸平稳下来，就仿佛为负面情绪按下了暂停键。

当我们被负面情绪控制，就犹如失去了理智一样。所以暂停下来，哪怕只有几秒钟，都相当于给了你一个机会、一个间隙，让你的理智介入。当理智来临，情绪就会让出操控的权利，你会明白除了发泄情绪，你其实有更好的方式处理当下的问题。我在大儿子围棋比赛失利、准备踢桌子的时候，常常提醒他用深呼吸的方法冷静下来，而他也能很快从负面情绪中走出来，进入下一场的对弈中。

我曾经满世界地追寻各种大师学习，不断学习更新更厉害的心理学研究和方法。直到有一天，我在托马斯•希伯尔老师的训练营中，体验到了一种深度的冥想状态，那一刻我进入到平静之中，全世界都安静下来，陪伴我的只有呼吸。因为这一呼一吸，在一呼一吸之间，我听到窗外的鸟叫声，听见自己的心跳声，听见周围的咳嗽声，搬动凳子的声音，但是也同时听见了内在的寂静。我感觉到从未有过的踏实，所有的负面感受在那一刻都安静了下来，我才意识到呼吸原来有如此强大的作用。

一个人如果长期处于紧张、焦虑的状态中，呼吸就会变浅，容易憋气，感觉胸闷。错误的呼吸方式还会影响人的姿势，因为身体紧绷，所以肩颈的肌肉群也会变得紧张，会间接导致头晕、脑供血不足等。而这些身体的不舒服和紧张，也会加强情绪上的焦虑和紧张，从而造成恶性循环。所以调整呼吸，不但可以瞬间为负面情绪降温，还可以从深层去调整一个人的情绪状态。

当你处于巨大的情绪漩涡中无法脱身的时候，你的呼吸一定会变得混乱。只要你意识到你陷入情绪的困境中，你就可以立刻开始有意识地将自己调整到深呼吸的状态，把注意力转移到自己的一呼一吸上。深深地吸气，将空气吸入腹部，在这个过程中，更多的细胞会接受赖以生存的氧分子。然后深深地吐气，体会气息在身体中穿行，带着废弃的二氧化碳，经过鼻孔释放到身体之外的过程。这个简单的过程会让你从巨大的负面情绪状态中抽离出来。庄子说“呼吸以踵”，在庄子的修炼中，呼吸是要深到脚后跟的。

这么简单的呼吸为什么有用？当人发脾气的时候，可以想象为鸠占鹊巢——斑鸠占据着喜鹊的窝，让喜鹊没有办法回家。而这里的斑鸠指的就是情绪，喜鹊代表着你的理智。所以呼吸会加快斑鸠离开的速度，从而让你快速恢复理智和冷静。

当你将注意力放在呼吸上的时候，你就不会再去关注头脑中的各种喋喋不休的声音。如果你仔细分辨，会发现一旦头脑中有一些声音出现，随之出现的就是各种各样的情绪。声音不止，情绪不息。这就像快速搅拌一杯混有沙土的水，而脑海中嘈杂的声音就是那根停不下来的搅拌棒。

把注意力放在你的鼻子上，留意气息如何进入你的鼻腔，如何从你的鼻腔中呼出。如果你能够持续做几个这样简单的练习，你就可以快速从一种负面的情绪状态中抽离出来，进入平静。似乎呼吸可以帮助你打开一扇门，门的这一头是纷乱复杂的想法、思绪，而门的那一头，是平安的寂静。

当你只是留意呼吸，不去跟头脑中的声音纠缠，就如同拿出那根搅拌棒，让这杯水静止片刻，沙土慢慢沉淀，水会恢复清澈。这个时候，也许你会恢复平静，或许你的情绪感受还在，但是至少你已经不再像之前那样慌乱。深呼吸会让你在混乱不堪的情绪中为理智腾出一块小小的空间，一旦理性之光照射进来，你就不会完全地被情绪控制。

好朋友莉娜在一次跟先生的剧烈争吵中，就始终保持着深呼吸的状态，不管对方多么愤怒，她都使用深呼吸的方法让自己保持理智，没有回应丈夫的吼叫，最终平静地解决了问题。呼吸带来的力量不仅没有让她被风暴卷走，反而让她持续待在风眼之中，直至帮助她度过那一刻的暴风骤雨。

呼吸法有很多变化，我经常使用的是“478呼吸法”。

“478呼吸法”由美国哈佛大学医学博士安德鲁·韦尔发明，它能有效调节呼吸，平复焦虑情绪，同时还有一个很棒的功能：改善失眠，带你快速进入梦乡。

现代人总是处于一种紧张状态中，神经系统因为过度刺激而功能紊乱，于是导致睡眠不足。“478呼吸法”调节人的副交感神经系统的功能，让人少想那些杂七杂八的事情，这样就能安然入梦。

这个方法我在咨询中会经常使用，具体方法如下：

（1）用口大呼气。

（2）闭嘴，用鼻子吸气，在心中数4个数(1、2、3、4)。

（3）停止吸气，屏住呼吸，在心中数7个数(1、2、3、4、5、6、7)。

（4）用口大呼气，同时在心中数8个数(1、2、3、4、5、6、7、8)。

韦尔医生认为，这种方法非常有效：由于呼气时间是吸气时间的两倍，所以会让肺吸入更多的氧气。身体中氧气增多则能调节人的副交感神经系统功能。

建议每天练习两次“478呼吸法”，连续练习6到8周，你就能熟练掌握这个方法。当你感到负面情绪快要把你逼疯，你可以立刻使用这个呼吸法让自己平静下来。

呼吸还有另外一个神奇的作用，已经被科学证实，那就是通过调整呼吸，可以改变我们的脑波。先来了解一下我们的大脑都有哪几种脑波状态：

1~3 Hz是德尔塔波，处于熟睡状态。

4~8 Hz是西塔波，处于静心、直觉或者半睡半醒的状态。

9~13 Hz是埃尔法波，处于放松冥想的状态。

14～30 Hz是贝塔波，是日常的工作，处于忙碌状态。这种状态下的大脑往往充满了来自四面八方混杂的信息，也刺激了大脑的兴奋。

30 Hz以上，是伽马波，大脑处于高度警觉的状态，潜力最容易开发，也就是常说的心流状态。

这些脑波状态都在不断交替进行，但是如果长期处于贝塔波的状态，就会让人一直感觉焦虑、亢奋或者不安。如果能让脑波从贝塔波转为埃尔法波，就可以有效平衡自律神经与内分泌系统。一旦进入了埃尔法波，你会发现原来的很多负面情绪会减淡甚至消失，取而代之的是平静和专注。虽然我们无法使用大脑的意识直接控制我们的脑波改变，但是可以通过呼吸的方式改变身体的节律。

大部分人在日常生活中，都在下意识使用胸式呼吸，胸式呼吸的特点就是呼吸速度快，但是因为换气太快，导致空气中的氧分子无法充分进入血液中，血氧含量降低的信号反馈给大脑，又会导致呼吸变得更加急促。

如果你观察过婴儿的呼吸，你会发现婴儿吸气的时候，肚子是鼓起来的，而当他们呼气，肚子也会随之变平，这就是腹式呼吸。而婴儿的脑波大部分时间都处于平静的埃尔法波状态。随着年龄增大，我们的呼吸中心越来越向上，到胸腔，再到喉咙。

为什么腹式呼吸与生命如此相关?因为腹腔内藏着大部分脏器，包括消化系统、造血系统、生殖、泌尿系统，以及内分泌系统、淋巴系统的一部分，并拥有大量的血管神经，因此加强腹式呼吸，促进腹腔运动是非常重要的。

腹式呼吸的好处还在于通过腹腔压力的改变，使胸廓容积增大，胸腔负压增高，上下腔静脉压力下降，血液回流加速。由于腹腔压力的规律性增减，腹内脏器活动加强，改善了消化道的血液循环，促进消化道的消化吸收功能，促进肠蠕动，防止便秘，起到加速毒素的排出、减少自体中毒、减缓衰老的目的。

腹式呼吸是让横膈膜上下移动。由于吸气时横膈膜会下降，把脏器挤到下方，因此肚子会膨胀，而非胸部膨胀。吐气时横膈膜将会上升，因而可以进行深度呼吸，吐出较多易停滞在肺底部的二氧化碳。

腹式呼吸能够增加膈肌的活动范围，而膈肌的运动直接影响肺的通气量。研究证明：膈肌每下降一厘米，肺通气量可增加250～300毫升。坚持腹式呼吸半年，可使膈肌的活动范围增加四厘米。这对于肺功能的改善大有好处，是老年性肺气肿及其他肺通气障碍的重要康复手段之一。

大多数人，特别是女性，大都采用胸式呼吸，只是肋骨上下运动及胸部微微扩张，许多肺底部的肺泡没有经过彻底的扩张与收缩，得不到很好的锻炼。这样氧气就不能充分地被输送到身体的各个部位，时间长了，身体的各个器官就会有不同程度的缺氧状况，很多慢性疾病就因此而生。

所以学会呼吸，能有效地增加身体的氧气供给，使血液得到净化，肺部组织也能更加强壮。这样我们就能更好地抵抗感冒、支气管炎、哮喘和其他呼吸系统疾病；同时由于横膈膜和肋间肌也在呼吸中得到锻炼，我们的活力与耐力也都会相应得到增加，精力也就更充沛了。

腹式呼吸的具体操作方法如下：

将手放在腹部。

（1）吸气，想象带着这口气一直到腹部，感受放在腹部的手被推开，内部肌肉舒张。

（2）呼气，慢慢地让气从丹田经过整个腹腔、胸腔、鼻腔呼出，腹部回落，内部肌肉也收紧了。

虽然只有简单的两个步骤，有的人会发现，这不是一件很容易的事情。因为长期的麻木状态，你可能已经很难感觉到自己的腹部了，躺在床上做这个练习会更加容易些。不过随着练习的增加，你一定会重新找回腹式呼吸的感觉。因为这是我们生来就会的事情。

呼吸让你跟情绪保持着距离，你会看到你没有那么愤怒，没有那么悲伤，没有那么沮丧……情绪只是穿过你，而你只需要洞悉情绪来时跟离开的轨迹，跟随情绪的指引，就会来到你内心的某些角落，为原本黑暗的那里点亮一盏灯。

2. 三个原则，教你正确处理情绪问题

情绪就像我们的影子，时时刻刻围绕着我们。心情好的时候，你很少会意识到情绪的存在，但是当你感觉到痛苦的时候，你会发现，情绪如影随形，好像怎么甩都甩不掉。

我们是多么害怕负面情绪呀，无论哪种负面情绪都会给人带来痛苦，仿佛深陷沼泽之中，无法脱身。

但是，先别急着丢掉这个烫手的山芋。你是否思考过，为什么会有负面情绪的存在？在脑科学的研究中，产生情绪是大脑的重要功能之一。这不得不让我们重新审视情绪存在的意义。

如果你之前对于负面情绪有着很多偏见，试着先放下它们。因为你无法跟你讨厌的人成为朋友，你也无法在排斥负面情绪的状态下去处理负面情绪的问题。

不如试着跟你的情绪说：你好，情绪，我的名字叫________，

从今天开始，还请多多关照。

情绪没有好坏之分、高下之别

情绪有许多种，像色轮上的颜色，多到你可以一直细分下去。但是在最普遍的认知中，人们会根据感受把情绪分为两类：正面的情绪和负面的情绪。正面的情绪让我们感觉到舒适，负面的情绪让我们感受到痛苦。

人的本性是趋利避害的，所以对于会让我们痛苦的事物总是充满了恐惧，于是我们也总是对负面情绪避而不谈。

其实所有的情绪从本质上来说，并无区别。不管是什么样的情绪，悲伤、愤怒、开心、嫉妒……带来的都是某种感受，只是你给了这些感受不同的标签而已。如果你能平等对待这些感受，就会发现情绪没有好坏之分。

开心带来的感受可能是扩张的、热情的，悲伤带来的感受可能是弥散的、寒冷的，愤怒带来的感受可能是如同火山喷发一般的壮烈……所有的这些感受，都是生命的语言体系，它试图告诉你，你是否走在正确的人生之路上。

但是一旦你开始把情绪分类，你就会本能地喜欢某部分情绪，而讨厌另外一些情绪。当你讨厌的情绪来临时，你就会因为恐惧、排斥而将情绪问题搞得更加复杂。

我们的父母或许没有教过我们如何处理情绪问题，我们父母的父母或许也没有教过他们如何处理情绪问题。当我们小时候发脾气，我们可能会被父母狠狠收拾；当我们哭的时候，可能会被父母大声呵斥：不许哭！

我们不知道如何处理这些内在纷乱复杂的感受，而每当我们因为表达这些感受而受到惩罚的时候，我们就种下了一个信念：负面情绪是不好的，这些感受是不能被接受的。

这就是我们对情绪的最初理解。如果你没有重新建立对情绪的观念，那么你就会把这种对情绪的理解也传递给你的下一代。

所以，当我重新建立了对情绪的认知之后，我会在我的孩子出现各种情绪问题的时候，带他去认识这些情绪，以及教会他如何去处理这些情绪，跟情绪小精灵做朋友。你可能认为我的小孩是一个很少有情绪问题的人，但是恰恰相反，他因为很少压抑情绪，通常会自然地表达出情绪，同时也会快速地处理掉它们。甚至有时候，他看到我不开心，还会用这些方法来提醒我。

在他的观念中，并没有把情绪分成好的或者坏的，正向的或者负向的，他只是如实感受当下出现的情绪，没有评判，然后慢慢地让情绪离开。

情绪甚至会启发他而生出智慧。几天前，大儿子说他很羡慕班级里考试成绩总是很稳定的那几个同学。我并没说不要羡慕别人这样的话，相反，我让他好好体会一下这种羡慕的情绪感受。昨天，儿子突然跟我说，他发现不需要羡慕别人，因为羡慕别人也得不到什么，做好自己的事情才最重要。

你看，其实我们只需要教会孩子如何跟自己的情绪相处，孩子绝对有能力把自己的情绪转化为智慧。

这就是一个不会被情绪困扰的人，而这样的人，才会拥有真正强大的内心。我相信，这是我们能够给孩子最棒的生命礼物之一。

情绪不是魔鬼，情绪只是信息

如果你做了某件不愿意做的事情，你会感到不开心，对吗？

这个时候，情绪就在向你传递信息：希望你通过感受到的痛苦去审视自己的选择和行为。因为情绪可以带领你看到你是如何处理和面对你人生中发生的一切事情的，以及你是否能够通过改变带来更多的可能性。

但是也许你并未意识到这是一种生命智慧带来的提醒，而是把这个情绪感受看作是你的敌人，因为它让你痛苦了，它让你感受到不舒服，然后你试图将这种情绪感受赶走，如果赶不走，你就找别的事情做，躲开这种感受。

暂时的，这种感受好像消失了，你沾沾自喜。但是没过多久，当你又做了一件不情愿的事情，这种感受再次卷土重来，然后你还是使用了老办法对待它。但是你感觉到厌倦，为什么这种痛苦的感觉老是出现？它可不可以不要再来烦我了？

如果我们的身体感受不到疼痛，是否是一件好事？如果我们被刀划破也全然不知，被火炙烤也不觉得疼，那我们可以在这个世界上活多久？所以身体的疼痛是来提醒我们避开危险的。同理，情绪也是如此保护着我们，同时情绪还有更加重要的作用：为我们的人生指引方向。

如果你感受到极大的痛苦，那说明你的人生正走在错误的方向上。你并没有将你的潜能、你的才华真正地发挥出来，你也没有活出自己渴望的人生。说白了，这不是你喜欢的生活。

我相信很多人都有足够的智慧知道自己正在为什么而感到痛苦，但是却相信自己毫无办法。就如同我的一个朋友跟我倾诉的那样：我的上司总是想尽办法为难我，我非常崩溃，我也知道这不是我想要的，但是我无力改变。

不愿意面对痛苦其实是无法面对现实的问题。我们往往都坚信现实问题比我们的力量大很多，但是一再地逃避就能够起到任何作用吗？

逃避意味着你不光要面对令人烦恼的现实问题，也要面对内心的情绪起伏带来的双重痛苦。

而情绪本身就藏着问题的解决办法。因为情绪是带着信息而来的，只要你愿意去接受这个信息，你就同时获得了解决现实问题的方法。

情绪就是为了应对生活中的问题和解决问题而存在的。当人感觉到危险，就会立刻产生负面情绪，提醒你来解决目前的问题。当我们有了新的应对问题的策略，情绪问题就不会再变成你人生的难题。

所以，情绪的出现或许只是在提醒你有现实生活中的问题需要应对，如果你可以用正确的方法处理情绪问题，情绪平复之后，你会更加冷静理智，并且获得新的处理问题的视角，并使用有效的方式解决现实问题。

让生活与情绪和谐共处，建立正向循环系统吧。你会通过不断直面情绪问题而获得更加和谐的人生。

每当我有情绪，我会立刻先向自己提问：它要带给我什么讯息？然后在深入情绪的过程中慢慢得到答案，这些讯息往往对我们的人生都是无比重要的，可以为我们的人生活出真正的自己指引方向。情绪的信息一旦传递给你，它就会离开，不会干扰你的生活。

如果你家进了小偷，狗狗大声叫唤提醒你，你会很感谢狗狗的尽职尽责，但是为什么不感谢情绪呢？缺乏正确的对情绪的认知以及释放和处理情绪的方法，往往会导致负面情绪不断累积，最后变成你生活的定时炸弹。

曾经患有抑郁症，就是因为我的生命走错了方向。那时的我活得紧张、充满束缚、内心封闭，我讨厌自己，也不敢活出真正的自己，恨不得与全世界为敌。

而生命真正要走向的是丰盛、美好、信任、爱、创造、敞开、和谐……所以生命就用巨大的痛来唤醒我，而我也因为在抑郁的海洋中面对了一个又一个曾经累积下来的负面情绪，把它们变成我的智慧，从而让我现在活出了不敢想象的人生。这也是我渴望写这本书的强烈目的，我想告诉你们情绪的真相，以及如何利用情绪来翻转你的人生。

所以，是时候换一个角度理解情绪了，我们的生命中没有任何事物是多余的，都是为了把我们带领到生命本身要成为的样子。请去信任你生命中发生的一切，就算你还无法理解，但是总有一天你会明白，这一切都是为你而来，一切都是最好的发生。

一只鹰是如何学会飞翔的？如果你见过鹰妈妈将小鹰宝宝扔下悬崖，你一定会觉得残忍，但是随即你看到小鹰宝宝张开双臂飞上高空，你又会为生命的奇迹而振臂高呼。鹰妈妈相信小鹰宝宝有这样的能力，所以用这样的方式将孩子的力量激发出来。

你的潜能如何激发呢？你是否相信你有能力摆脱现在发生在你身上不想要的情绪的束缚，过上更好的人生？带着你的痛苦，一起开启这趟情绪的列车吧。

情绪一旦出现，需要走完全程

情绪来了，该怎么办？

答案是，别费力去对抗它。因为情绪是一种能量状态，中学的物理课程告诉我们：能量不会凭空消失，只能释放或者转化。对情绪的任何抵抗，不但毫无用处，还会让你筋疲力尽。不管是什么情绪，只要它出现，唯一让情绪释放的方法就是让它走完全程。

如何理解让情绪走完全程？你可以把情绪想象成天上的云，有时候你根本没有注意到一片云是如何飘过来的，如果你盯着这片云看，你会发现它在慢慢地变化，最后总会消失在你的视野中。情绪也是如此，在正念的训练中，很重要的一个过程就是看着情绪出现，也看着情绪离开。而后面，我将会详细讲述如何释放情绪的四个步骤。

别再用过去的方法应对情绪了，别再把情绪当作恐怖之物，别再害怕情绪。当你跟情绪相处越久，你会越发感恩情绪为你做的一切。

3. 四个步骤，高手都在用的情绪处理技巧

先讲个小故事吧。

在写这本书的过程中，有一天我跟先生产生了激烈的争吵。原因小到可笑，我想让先生帮我去附近的某公司送一份文件，先生觉得他很忙，他不开心地认为，我明明可以抽个时间自己去，却要耽误他的时间。但是家里两岁多的孩子才从感冒中康复，从早到晚粘着我，除了我谁都不能靠近他。于是，我的怒火噌的一下上来了，跟先生争吵了起来。

没错，尽管我已经研究情绪很多年，依然还是会有失控的时候。

先生上班去了，那份文件还丢在桌子上。我的委屈、难过、沮丧的情绪全都涌了出来，一瞬间我感觉到心力交瘁，踉踉跄跄地走回房间，把头埋在床上开始流泪。我边哭边回想自己为家里的付

出，自己这么多年的辛苦，自己的不容易，甚至为了带孩子牺牲自己的事业，以至于我觉得我无法原谅他……

突然一个想法闪现，这个案例是个很好的示范，我要把它写进书中。然后我开始如同看电影一样，以一个更高的视角去观察这件事从头到尾是如何发生的，我说了什么，对方说了什么，我的情绪是如何被点燃，我是如何被激怒，最后我又是如何变得沮丧和无助，躺在床上哭泣。

神奇的是，在整个觉察的过程中，刚才那种巨大的混合了愤怒和伤心的情绪慢慢消失了，本来还躺在床上动也不想动的我，立刻跳起来，打开电脑开始记录下这一段经历，生怕这种感觉消失殆尽之后失去了灵感。写的时候，为了澄清先生在这个过程中的感受是否跟我观察到的一致，我还打电话去跟他确认，完全忘记了几分钟前我还咬牙切齿，觉得他不可原谅。

这个有趣的故事让我发现情绪产生之后是有两个走向的：

一个是把自己当作演员，完全沉浸在负面情绪里，用自己的注意力喂养情绪，让情绪变得越来越“巨大”，同时所有的陈年旧事也浮上心头，于是整个人越来越失控，最后完全丧失了理智，被情绪裹挟。

一个是从导演的角度，去看到整个事情的全部过程。这会让你的注意力暂时跳出跟情绪的纠缠漩涡，一旦你跟情绪脱开，哪怕只有一点点缝隙，你就不会再感受到自己跟情绪是融为一体的，而是可以逐渐清晰地看到情绪的流动方式和走向。

所以，情绪处理的方法本身并不难，难的是去修改我们长年累月已经养成的惯性处理方法，因为它会在第一时间冲出来帮助你解决问题。你可以把这一章节的内容当作是一种新习惯的建立，这意味着你需要时间和不断的练习，至少21天，以强化这个新的情绪处理的方法。

一般来说，在情绪处理的过程中你会经历这几个阶段：

（1）不知不觉。

脾气发完了，跟老公的架吵完了，孩子也打完了，但是跟伴侣和孩子的关系却越来越疏远，你还觉得自己这些做法没有问题，因为“都是对方害我这么生气”。

（2）后知后觉。

脾气发完了，跟老公的架吵完了，孩子也打完了，等到慢慢地回过神来，觉得好像做了不该做的事，但是伤害已经发生，你开始后悔不该这么冲动暴躁。

（3）当知当觉。

正在发脾气的时候突然意识到自己似乎又在用过去的方式处理问题，并且明白这些处理方式会带来不想要的结果，从而用理智代替情绪宣泄，拿回情绪操控权，比如正在跟伴侣吵架的时候，虽然心里生气但是选择闭嘴，正在打孩子的手突然停下，自己回到房间冷静。

（4）先知先觉。

这是处理情绪的最高境界，你可以很容易觉察到情绪已经出现，然后你不声不响地处理了情绪，既没有在现实生活中造成什么负面的结果，同时你也领悟到此刻情绪带来的智慧。

你可以把这个过程当作游戏玩家的升级过程，每隔一段时间，检视一下自己有没有进步一点。

在处理情绪问题的路上，切忌操之过急。有一位智者曾经说过这样一段话："有时候唯一要做的事情就是等待，种子已经种下去了，小孩已经在子宫中成长，牡蛎正在一层一层地包住一粒沙，使它成为一颗珍珠。在宁静和等待之中，你内在的某种东西会继续成长。"即使短时间内看不到效果，只要你在做正确的事，那就允许种子慢慢地发芽，胎儿慢慢地成长吧。

我会像对待朋友那样，跟情绪聊聊天，有时候也只是安静地待着，感受情绪。当我不试图控制情绪的时候，情绪也不会控制我。

接下来，我将讲解在这场掌控情绪的游戏中，你要学会的必杀技——情绪处理四步骤，它可以帮助你更加快速地通关，这适用于任何情绪，任何让你不舒服的感受。学会了这四个步骤，你的生活将不再因为无处安放的负面情绪而混乱不堪。

准备好了吗?

承认情绪：不再逃避

承认情绪是第一步，也是最重要的一步。

如果你不承认你现在正处于某种情绪之中，就是在声称：这个情绪并不存在。一个不存在的事物，你要如何着手去解决它？一个明明不存在的情绪却让你感受到痛苦，这就变成了无解的谜题，必然将你困在其中。

承认情绪的存在，也就意味着承认了现实。我们时常说，你该面对现实。但是当我们经历一些巨大的痛苦时，没有人愿意接受这样的现实，所以就本能地逃避、否认、抗拒。不承认现实，你就无法改变现状，你只会跟不想要的这一切纠缠不休，没有尽头。

而情绪的出现一定是有某些信息要带给你，你可以想象情绪是一个尽职尽责的快递员，你不开门，它就一直不停敲门，如果你还不开门，情绪可能为了把包裹送给你而破坏你的大门，强行闯入。因为对于情绪这个信使而言，不计一切代价也要使命必达。

所以当情绪出现，抗拒没有任何意义，聪明的做法是尽快开门，以免遭受更多不必要的损失。毕竟不管你同不同意，这种不舒服的感觉都已经存在了。即便你还做不到欢迎这个不速之客的到来，但是至少不要将它拒之门外，假装它不存在。

如何承认情绪呢？我到底要承认哪个情绪？如果陷入这些想法

中，你就会变得迷茫而混乱，毫无头绪。你只需要承认你当下出现的情绪感受就行了。

甚至当你感觉到负面情绪出现的时候，你可能特别想让这个情绪立刻从眼前消失，你心中充满了不安和焦虑，根本无法承认它，那就先承认你正在排斥这个情绪，承认你正处于焦虑和不安的感受中，告诉自己：是的，我现在正处于焦虑和不安中，我不想体会这种感受，我希望这种感受尽快消失。

出现什么情绪感受，就承认这个感受的存在。就是这么简单。这样做的意义在于，你心里开始如实地知道，你正在感受着什么，正在做什么。这就是承认的含义。仅仅是清楚地明白，到底是什么在发生，就能带来巨大的不可思议的转化力。这就是调节和释放情绪的必经之路。

承认情绪，就是在情绪敲门的时候打开门，你可以黑着脸，甚至可以拿着武器随时跟情绪打上一架。但是当你打开门，你会发现情绪根本不会伤害你，情绪也不会攻击你，它只会递给你一个信件，里面是对你目前的生活非常有帮助的建议，只不过这个信件不是用信封装起来的，而是通过身体的感受传递给你的。

承认情绪，就是你接过信封的那一刻。

接纳情绪：不再对抗

如果你在上一个步骤的练习过程中没有遇到问题，那这个步骤其实已经悄然发生了。

但是有很多人在感受情绪的时候，会因为看到的画面而出现各种各样的评判：他为什么要这么对我？我怎么那么悲惨？

人的痛苦都来源于“不允许”，不接纳当下正在发生的一切，因为这不是我们想要的结果。我们总是妄想让已经发生的现实变成另外一种可能。回想我曾经处在抑郁症中的时候，最困扰我的一个问题就是：为什么会这样？凭什么别人都开开心心的，只有我要忍受这无尽的痛苦？

这就好比你承认了情绪，在感受情绪之流缓缓走向出口的过程中，你拿着大刀拦腰将情绪之流砍断，并且质问情绪：你凭什么要从这里经过？这样的问题不但没有答案，还会把你带入死胡同，让你撞得头破血流。

你可以想象自己身处于一个盒子中，你只能接受盒子之内的事情，而盒子之外的事情，对你而言都意味着危险和不安全。这说明我们的世界太过于狭窄，而每一次觉察，都是让我们可以向外拓展自己的世界的机会。痛是因为碰壁了，碰壁是因为现有的空间不够容纳我们的人生了，那就为自己扩容吧，试着把墙壁往后移一点点，再往后移一点点。

曾经有来访者问我，是不是接纳了当下，我就可以让未来变得如我所愿？如果带着这样的期待，那么得到的很可能是失望。这不是接纳，这是一种交换：你给我想要的结果，我就接纳，否则我凭什么要接纳？

其实我们都知道一个简单的道理：事实大过天，已经发生的事实就是发生了，已经产生的情绪就是产生了。我们唯一能做的就是不去否认，不去抗拒，如实地接受现状，接受我现在很不舒服的感觉，接受我现在难过得想哭，接受我现在气得快要发疯，接受我现在很绝望、很沮丧……接下来，我们才有机会去深入了解情绪，获得情绪带来的智慧。

也许你会说道理我都懂，但是我做不到，我就是无法接受。那不妨问自己一下，接受了会怎么样呢？

你是否错误地认同了“负面情绪＝你”，因为负面情绪是不好的，所以你就是不好的。当你的想法中一旦有了这个等式，接受了负面的情绪就意味着自己也是负面的，你当然无法接受负面情绪的存在。

比如你在感受情绪的时候，你突然想起一段小时候的记忆，有可能是被父母责骂，或者被小伙伴欺负。你可能会感到一丝委屈，紧接着你的脑中就出现了一些声音：你好可怜，你没有人爱，过去是这样，将来也是这样……然后你就会从感受情绪的进程中跳出来，进入一个“悲惨的故事”中。这个情绪没处理完，你又卷入其他情绪当中，难以脱身。这就是情绪处理中我们可能会栽的坑。

纠缠你的是想法，是我们头脑中的故事。而故事又衍生出负面情绪，负面情绪又带来负面的想法。如此反复，没有尽头。情绪裹挟着想法，像滚雪球一样越滚越大，这是我们无法处理情绪问题的重要原因。

你要能够带着警觉去经历情绪处理的整个过程，只要发现自己走偏了，注意力已经从情绪感受，转弯进入到“编造剧情”的轨道时，就温柔地提醒自己再次回到情绪感受的路上就可以了。

感受情绪：不再评判

不管你是否承认和接纳负面情绪，你都会感受到负面情绪带来的各种不舒服的感觉，比如心慌心悸、烦躁不安、撕心裂肺、痛彻心扉……区别是：如果你不承认，你会再叠加一层茫然无助的感觉，因为你正在跟情绪对抗，但情绪却是看不见摸不着的，好比一个武士对着空气挥剑，武士大叫：“你出来呀！”可周围空荡荡的，看不见敌人，只能听到轻蔑的嘲笑声，这多么令人绝望呀！

与情绪对抗，输的那一方一定是你。

但是经历了第一步承认情绪之后，你将感受到的是情绪本身给你带来的感觉。

情绪的感觉非常多变，有的是激烈的，有的是平缓的，有的是像雾一样弥散的，有的像巨浪快把你吞没，有的是冰凉刺骨的，有的是狂躁闷热的，有的感受会持续很长时间，有的感受转瞬即逝。总之在你感受情绪的时候，无数的丰富的信息会扑面而来。

如果你是新手，感受情绪的第一步是要让自己的头脑安静下来，这并不容易。当任何一种负面情绪向我们涌来的时候，我们都会焦躁如同热锅上的蚂蚁。有时这些情绪会纠缠在一起，让你无法分清楚这份情绪大餐都添加了哪些佐料，咬上一口，只觉得混杂了酸甜苦辣咸，难以下咽。

所以，你可以先从感受最强烈的情绪起步，也许是巨大的愤怒，像石头一样重重地压在胸口，让你无法喘息。那你就去感受这种感觉，不管你多么想逃跑，都安抚自己留下来，浸泡在情绪的浴缸里。这个时候，也许你会延伸出不同的感受，有可能是身体的感受，有可能是一些画面，有可能是一些声音，有可能是一段不愿意回想的记忆。也许你还会感觉情绪像巨大的海浪一样袭来，快要把你淹没。

把自己当作一个容器，不管出现什么感受，都让它在你的容器中完整地呈现。你只是感受，不要管你脑海中出现的各种声音，就像看电影一样看着这些起伏不定的情绪、感受，像云一样来来去去。

如果你想哭，想叫喊，都是可以的，并且这非常有助于情绪的释放。继续体会所有感受，以及感受的变化……这个时候，会有两个走向。一个走向是你会感觉到越来越轻松，因为情绪能量逐渐走完整个过程之后，会慢慢变轻，变少。另外一个走向，就是你可能会触碰到过往经历中的创伤记忆，而这些记忆因为你不愿意面对，所以早就被打包压缩、深藏入潜意识之中，但是它可能就是你此刻产生负面情绪的根源。你可以理解为，要救出公主，就必须得打怪升级过最后一关。

这是一个比较大的考验，曾经的你因为恐惧才隐藏起这些记忆，但是这些记忆并没有因为你雪藏了它们就消失，反而会在更深的层次影响着你的生活。就像肿瘤必须要切除一样，这些创伤的记忆也需要被清理。而现在借由情绪的指引，你得到了清理这些创伤记忆的机会，清理的过程也意味着曾经被压抑的记忆被释放。这个过程当然会带来痛苦，但好消息是，此刻呈现出来的事物，一定是在你能够承受的范围之内的。

有一段时间，我正经历一场生意上的失败，都说商场如战场，胜败乃兵家常事，但是要做到谈何容易。我一直因为自己的失败导致的巨额亏损耿耿于怀。但是我没有向任何人倾诉我的感受，我甚至没有很好地去关注一下我的内疚，可能也是因为这样的原因，我的喉咙疼痛不已，吃了药也没什么效果。跟朋友聊天的时候，朋友说“你要好好照顾自己”。我确实是一个懒得照顾自己的人，听到朋友说的话，心里顿时升起一股暖流，就起身去给自己倒了一杯开水。

我边喝水边感受着喉咙的疼痛，突然一句话在我的头顶上炸开：照顾你真是世界上最麻烦的事！我顿时僵住了，一股巨大的悲伤涌上心头，让我无法站立，直接跪倒在地板上。

我开始感受这股突如其来的悲伤，在这悲伤之中，我看到这样一个场景：小小的我因为体弱多病，总是住院。妈妈心力交瘁，对因为病痛而不停哭闹的我说：“照顾你真是世界上最麻烦的事。”

这句话反复在我的耳边萦绕，我的眼泪也止不住地流，同时心脏感受到被撕扯开的疼痛。我不停跟妈妈道歉：“对不起，对不起，如果可以的话，我也不希望成为妈妈的负担呀。”

很快，悲伤的情绪开始变为巨大的内疚感，我继续体会着这种内疚的感觉。大概维持了二十多分钟，所有的情绪都慢慢消散了，神奇的是，我喉咙的疼痛也减轻了很多。我从地板上爬起来靠在饮水机旁，感受着心中不可思议的安宁，就像下过雨的天空，充满着干净而湿润的青草气息。

经历了这次情绪的释放，我突然明白，因为生意失败而带来的内疚感，其实很早就隐藏在我的心中了。而释放完毕，我似乎也不再因为生意失败而不停地责备自己了。生命总是自带智慧的，看起来是我突然遭受了情绪的“袭击”，实则是情绪给了我一次机会来清理一直无法消散的内疚感。从此，我不再恐惧情绪，而是把情绪视为我的“智囊团”，因为我知道情绪的暴风雨总会过去，而且它将带走我心中的阴霾，彩虹正在乌云的背面等待着我。

不带评判地说出感受是这个步骤的关键。如同我听到妈妈说“照顾你是世界上最麻烦的事”，我难过得心都要碎了。但是我没有开始评判：“为什么我的妈妈会说这样的话，是不是她不爱我？”如果有了这样的想法，就会带来更多的负面情绪。我只是去感受那种心脏碎裂一般的疼痛，让感受带领我向前走，穿越这一片痛苦的泥沼。

评判是情绪处理路上最大的敌人，因为评判会让你忘记感受，从而将注意力集中到你的所有应该和不应该的想法中。这些想法对于情绪处理没有任何用处。如果你能够不踩中评判的圈套，让情绪之流顺利流淌出去，那整个情绪处理的过程会轻松许多。

当然，即使你评判了，也没有关系，不需要花费精力再去跟想法和念头纠缠，轻轻地告诉它们，你知道了。就像轻轻扫落灰尘或者打发一个无关紧要的人，只要你能提醒自己重新回到感觉上，你都能顺利完成情绪的处理。

比如：我想起一段痛苦的分手经历，我真是个失败的人。

这句话是否做到了“不带评判地说出感受”?

显然没有，后半句已经变成了对自己的评价。我们很多人都会使用这样的说话方式，而这样的方式在情绪处理中，没有任何好处。

正确描述感受的方式应该是：

我想起一段痛苦的分手经历，我很伤心，我的心脏感觉到被捏碎一样地疼痛，我无法呼吸，我开始冒冷汗，我的腹部感觉很胀，隐约有着拉扯一般的疼痛……

尽可能仔细描述你的情绪，让感受彻底延伸，慢慢地，它会带你进入曾经引发你强烈负面情绪但是却没有及时处理的事情中。一般来说，情绪上的痛苦，都会将你带回到小时候你所经历过的包含类似情绪的记忆之中。而曾经没有好好处理过的这些痛苦的经历，就像一个个没有修补好的破洞，不断地为你带来寒冷和凉意。这个记忆，才是你现在感受到巨大痛苦的根本原因。

这就是感受情绪带来的智慧，也是情绪的真正价值所在。所以，请一定尝试着去感受情绪，也许最开始你的心中充满着忐忑和不安，但只需要一次成功经历情绪过程的体验，从此它就不会再是困扰你的难题。

关于感受情绪，还有一点需要注意的是：我们无从考证这些画面的真实性，事实上，你看到的故事画面无论是真是假，都不重要。你不需要分析，更不必执着于你看到的或者感受到的一切。因为我们的目的是清理掉这些让我们人生卡住的情绪，而不是成为神探福尔摩斯分辨是非对错。所以，不要沉溺于任何脑海中浮现出来的画面或者故事情节，不然就如同卷进漩涡中，会为情绪处理带来更多的困扰。

理解情绪：不再困扰

理解情绪，代表着从情绪中获得对人生有帮助的智慧和领悟。我称之为：向情绪要答案。我常常跟来访者说，别白白地受苦，至少从情绪的痛苦之中拿走点什么好处吧。

当情绪走完整个过程的时候，你也犹如经历了生产的阵痛一般。你可以稍微留意一下，当情绪走后，留下了什么。有时候领悟是自动发生的，有时候则需要通过我们多一些的思考。情绪中隐藏着许多可以让我们的生活变得更好的智慧，一旦你接收到这些礼物，你的人生就会变得不同。

而情绪释放完毕，你感觉到内心充满安静祥和的那一刻，也是你去思考和提问的最好时机。这个时候，你可以提出目前生活中无法解决的困惑，把这个问题放在心中，然后慢慢等待着答案。

在一次咨询中，我带领一位因为女儿生病而无比痛苦的妈妈走完情绪释放的过程。她流着泪告诉我，当担心和焦虑的情绪慢慢消散，她看到了女儿的笑脸，原来女儿一直都很坚强乐观，而且女儿还为了宽慰妈妈不停为妈妈加油打气，让妈妈振作起来。她从体验情绪中得到的智慧是：明明生病的是她女儿，女儿反而需要来安慰她。她应该更加坚强，成为女儿的支持和力量源泉。

理解情绪不是多么高深的技巧，情绪是带着善意而来的。只要你肯信任情绪的引导，愿意打开自己去感受情绪，每个人都有能力接收到这些独特的生命智慧。

再举一个我自己的案例。

某天我跟先生说话的时候，他正在十分投入地工作，随便敷衍了我一下。如果是平时，我不会太在意。但那是一件很紧急并且重要的事情，先生还用这种敷衍的态度对待我，我噌的一下火了，对先生大吼起来。

先生吓了一跳，很明显被我突如其来的吼叫搞得心情很差，也黑着脸回我一句。感受到我内在的“小宇宙”马上就要爆炸的时候，我迅速回到房间，让自己冷静下来。然后我闭上眼睛，去感受这股突然而来的巨大愤怒要告诉我什么。

情绪带着我穿越，回到了过去，我看到小时候的我因为妈妈工作很忙，经常被忽略。有一次学校有件非常重要的事情，我去告诉妈妈的时候，妈妈不耐烦地摆摆手将我打发走，她说她很忙，让我不要打扰她。于是我在心中埋下了一颗怨恨的种子：在妈妈的心中，外人的事情永远比我重要。

这件事我早就已经忘记了，但是委屈和怨恨的种子已经种下。我也从未留意过这颗种子正在黑暗中潜伏着，逐渐生根发芽，延伸到我现在的关系中。当先生因为处理工作问题而忽略我的时候，点燃了我小时候的愤怒。这些愤怒并没有因为我长大了就消失，它们一直都在那里，时刻准备着爆发的那一刻。

表面上，我看到的是我的先生正在工作，我说话的对象也是我的先生。但实际上，我看到的是我的妈妈冲我摆摆手，不耐烦地让我走开。我此刻的情绪起源于小时候的我对妈妈的不满，但是最终，我的先生成为了那段记忆的替罪羊。

当我清晰地看到我如何对待我的先生时，我向他表达了歉意。我也跟他讲了这段回忆。神奇的是，在跟先生聊完这段回忆之后，这段回忆带来的愤怒也不再能够影响我了。所以，敞开你的怀抱去拥抱情绪吧。换一个角度去理解情绪，情绪会牵着你的手，引领你来到智慧之地，为你带来无限的领悟。

最后，用两个关于情绪的非常美好的故事作为这一章节的结尾吧。

第一个故事是关于《与神对话》的作者尼尔·唐纳德·沃尔什。他经历了人生的至暗时刻，失去了事业和婚姻，甚至流落街头，沦为乞丐。他在沮丧和绝望中大声喊出了他的疑问：我的人生怎么变成了这个样子？

然后他发现自己似乎获得了某种灵感，当他把这些源源不断的灵感记录下来，就成为了影响全世界无数人的系列书籍《与神对话》。虽然书的题目是与神对话，其实是与他心中最伟大的智慧对话，我们每个人都有这样的智慧，是情绪让他链接上内在的智慧。而帮助他接引自己内在智慧的引路人，正是他的痛苦，他的负面情绪。

第二个故事是关于《你值得过更好的生活》的作者罗伯特·沙因费尔德。他也经历了人生巨大的起起落落，最后他在自家的后院愤怒地仰天长啸：我为什么会过成现在这样？

然后他开始陆续得到一些启发，他将这些启发应用到他的生活中。让他惊讶的是，他的人生开始发生变化，而当他把这些启发分享给他的朋友，他的朋友也因此受益。于是他开始尝试教导更多人掌握这些启发和方法。最终，他成为世界著名的畅销书作家以及人生导师。

请把负面情绪想象成哆啦A梦的任意门，或者一条连接我们最伟大智慧的路径，在那里有让你的人生变好的一切答案。现在就拿出一个困扰你的情绪开始练习这神奇的四个步骤吧。

从前是情绪比你大，现在你比情绪大。

4. 身心一体，
通过情绪释放缓解身体疾病

随着很多知识的普及，大部分人已经知道了情绪会影响身体健康。负面情绪到底有多大危害呢？愤怒可以让我们的心脏病风险在2小时内上升750%，吵架15分钟即可损害身体健康。半数冠心病不是死于高血压、糖尿病、高血脂，而是死于我们的敌意情绪。

世界卫生组织曾经指出：80%以上的人会通过攻击自己身体器官的方式来消化自己的情绪。早在《黄帝内经》中就有这样的记载：怒伤肝，喜伤心，思伤脾，忧伤肺，恐伤肾。

所以请小心，负面情绪可能正在破坏你身体的免疫力！

有科研人员做过这样一个实验：把猴子吊起来并不时给予电刺激，使猴子一直处于焦虑不安的情绪中，不久猴子便得了胃溃疡。现代人的常见疾病之一就是肠胃系统的疾病，因为胃主要负责消

化。那些无法消化的负面情绪，也会从肠胃等消化系统的疾病中显现出来。如果在没有吃坏什么东西的前提下，突然开始腹泻，那么很可能是最近遇到了巨大的压力事件。

科学已经证明，身体疾病跟情绪有很大的相关性，医生都会告诫高血压、心脏病患者保持良好的情绪，其实不止这些大家耳熟能详的与情绪紧密相关的疾病，我们日常的很多疾病，都与情绪相关。科学研究已经证明：负面情绪可以引发如下疾病：失眠、偏头疼、高血压、心脏病、咽喉炎、皮肤病、内分泌失调，甚至癌症等。

值得注意的是，情绪本身不会产生太大的健康问题，堵住的情绪，或者说没有恰当处理的情绪，才是导致身体产生健康问题的头号敌人。

我从小体弱多病，如果风大一点，朋友都会担心我会像风筝一样被吹到空中。输液和各种颜色的药片陪伴我长大，发烧感冒更是家常便饭。但神奇的是，当我上了大学，似乎很少生病了，这引起了我极大的好奇。因为这跟我对自己的印象极为不符，我没有做任何免疫力方面的改善。这让我不断思考到底是什么促使我的身体变得健康了，我能想到的唯一原因就是——我离开了家。

如果用一个词来描述我在上大学之前的生活，我会使用“压抑”一词。我的妈妈是我中学时候的班主任，她对学生的要求很简单，每次年级考试，她的班级必须是年级第一。她对我的要求也很简单，我必须让她在向别的同事或者同学提起我时，可以使用表面谦虚但是嘴角掩饰不住得意的微表情。这样才能让她在要求别的学生好好学习、天天向上的时候，拥有十足的底气。如果连自己孩子都管不好，还怎么管别人家的孩子？

在这里我用了两个必须，所以你会明白，我的妈妈是一个非常强势的女人。我特别害怕她，她瞪我一眼，我可以浑身颤抖上一整天，不断担心自己哪里做得不够好，担心下一刻会不会受到惩罚。

我写得不工整的作业，会被妈妈撕掉重写；邻居小孩诬陷我偷了她的饼干，妈妈不但不相信我的解释，还附赠我一顿“妈妈牌胖揍”；成绩有点下滑，会被认为是头发长了吸收了大脑营养，于是被妈妈强行带进理发店剪成短发……

也许每一件都是不值一提的小事，但是累积得多了，我开始变得越来越内向。我说的没有人听，我做的事都充满了错误，那我就沉默吧。我把所有的心事都写进日记，那里是我唯一能发泄情绪的地方。

但是光写日记似乎并不能缓解我的痛苦，我经常边写边哭。小小的我已经累积了太多的负面情绪，所以我频繁生病，而那个时候的我，像一个老太太，弓腰驼背，没有朝气也没有什么生命力。那时我最常思考的一个问题就是：人为什么要活着？但是我无法得到答案。

人的身体和心灵是一体的，如果你仔细观察，会发现那些郁郁寡欢的人，身体也不会很好。同样的，很多身体不好的人，也会有很多无法排解的情绪问题。

小时候的我除了有经常感冒发烧等常见的疾病，还有两个是医院始终没法治好的：一个是我的小腹经常胀痛，严重的时候会疼得在床上打滚；还有一个是慢性咽炎，我每个月都要因为急性扁桃体炎发作，轻则吃药，重则输液。

我的妈妈有高血压，常年吃药维持。她还有心脏病，并且她经常会眩晕，每当她发病，我都会特别恐惧。我希望她能够远离这些疾病，但似乎医院不是万能的。

学习心理学之后，有一个理论让我非常着迷：心身疾病，这是一门研究心理因素和身体疾病之间关系的学科。我很渴望知道都有哪些因素会造成人生病，于是我买了大量的书来研究。

这些书让我了解到，我们的身体不仅仅是一副躯壳，身体就是心灵的一面镜子。身体与内心共同分担着我们感受到的所有痛苦和不快乐。当你压抑了太多的负面情绪，身体疾病就会成为负面情绪的一个出口。

通过研究，我知道了小腹舒适与否是跟安全感相关的。而小时候的我有很多恐惧，这些恐惧的能量都积压在小腹，每当我感觉到强烈的不安全感，我的小腹都会冰凉并且胀痛。

而喉咙的作用是表达，但是我在小时候常常因为说错话被批评，所以很早就习惯压抑自己的想法。那些没有说出口的话，久了就“变成”喉咙那里的疾病：红肿、发炎、咳嗽……

我靠服用很多红霉素来让喉咙好起来，一倍剂量不够，就加倍；吃药没有效果就去输液。小时候，我一大部分时间都是在附近的诊所中度过的。我躺在病床上，看着透明的液体一滴一滴进入我的身体，它们冰凉冰凉的，让我更加寒冷。

我跟妈妈的病似乎是对应关系，因为患有心脏病、高血压的人往往是很容易愤怒和喜欢控制的人，妈妈的愤怒和控制给我带来的就是恐惧和压抑。

然后我发现生病也会带来好处，因为每当我生病的时候，妈妈就不会那么凶。她会对我很关心，语气也变得温和，甚至还会买一点好吃的给我。所以生病对我而言，也许并不是什么坏事。

因为生病而获得好处，这种现象其实非常常见。这种现象还有个专有名词，叫作病理性获益。

如果你是中小学老师，你可能会留意到一个现象，有很多孩子一到考试的时候就容易感冒、发烧、拉肚子……看起来是偶然事件，其实是因为害怕考试成绩不好导致的压力，因为考不好可能会受到惩罚，潜意识为了逃避这些让自己感觉到恐惧和巨大压力的事情，就指挥身体开始出现一系列的异常生病反应。即使没考好，也可以将责任推卸给生病，因此逃过一劫。甚至严重的，可以直接逃过考试。这听起来很玄，但它真的存在。

我从来没有意识到，我已经将这个方法使用得炉火纯青。

一个孩子小的时候学会了用生病获得想要的东西，长大了也会如此。我自己就是非常典型的案例。小时候我不知道该怎么办的时候，生病就对了，那样所有的问题都会消失。但是小时候我面对的最大问题无非就是学习成绩，疾病可以帮助我逃避。可长大之后，人生要面对的问题不是逃避就可以的，但我还在用小时候的方法——生病来解决，结果就是让我的生活跌入更加黑暗的深渊。

结婚之后，我并不想跟公公婆婆住在一起。我曾经被原生家庭压得喘不过气，最渴望的就是自由，可是我又没有勇气说出自己的想法。在内心巨大的冲突和痛苦之下，我爆发了抑郁症。多年后我才明白，我是想用抑郁症告诉我周围的人：我不开心，我要出去住，请满足我的需要！

当然，这一次我没有如愿以偿。

也算是因祸得福，不然我可能永远都无法从抑郁症中摆脱，因为一旦它能帮助我实现愿望，让我获得想要的好处，那么我就会更加依赖这个病症，以帮我获得更多东西。

这给我们一个重要的启发，那就是当孩子生病的时候，家长的行为和态度不要变化得太明显。比如父母很忙，孩子平时无法得到父母陪伴，而当孩子生病，父母不得不放下手边的工作来陪伴孩子的时候，孩子的潜意识就会认为：我可以通过生病获得我想要的。

听起来有点不可思议，潜意识是相对我们的意识而言的，如果说我们意识到的事情是我们知道的，是海平面之上的冰山，那潜意识就像一个仓库，深藏于冰山之下。它记录我们从胎儿时期听见、看见、感受到的一切，并且通过大数据分析，形成我们的行为模式、语言模式、思考模式，来应对我们在现实中发生的一切。

人的意识只占5%，剩下95%都是潜意识。潜意识不光支配着我们的想法，也操控着我们的身体。曾经有一个实验，可以让你看到潜意识的力量有多强大。

在美国的监狱中，有人对犯人说："你只要愿意把手放在烧红的烙铁上，你就可以提前出狱。"犯人同意了。

实验人员把犯人的眼睛蒙上，犯人开始紧张、颤抖。当把准备好的烙铁贴在犯人手掌上的时候，犯人大声尖叫，同时手掌上顿时布满了水泡。但是匪夷所思的是，这块烙铁并没有被加热过。所以这些水泡完全是出于潜意识中的巨大信念而产生的。

就算相信了这个故事，你肯定还有个疑问：既然人的潜意识可以操控身体的健康和疾病，那为什么人不选择健康呢？因为潜意识是基于"最大利益"而运作的。如果我们认为生病获得的好处远远大于生病对于身体的破坏时，潜意识会毫不犹豫地选择前者。

身体的每一种疾病，都是内心的求救信号。当一个人无能为力的时候，也是疾病高发的时候。与其说疾病是一种手段，不如说它是一面镜子，映照出我们内心根植的信念。这让我们不得不反思：用身体的疾病去帮我们面对不想面对的现实时，这个现实产生了哪些我们无法承担的情绪？我们是否又有不同的、更好的方法去面对？

我们内心有许多不可以、不可能的声音。每一个不可以和不可能都是一条绳索，紧紧捆住我们，让我们无法喘息。

想要回家休息，不可以啊，男人怎么能那么怂？

想要爸爸妈妈的爱，不可能啊，他们从来不会对我笑。

想要换工作，不行啊，虽然这份工作不开心，但找不到更好的怎么办？

想要分手，这个人并不合适，但又担心分开之后没有人爱我。

你有那么多想做的事，但都被否定了。那这些生命的能量就会被压抑，最后形成身体的堵塞，让身体产生病痛。一个人病得越严重，代表了他内在对待自己的态度越是残忍。

是时候给心灵松绑了，不要等到生命已经来不及修正了才去后悔。问问自己，生活中到底有什么事情值得自己以健康为代价呢？在有选择的时候，改变一切吧。每个人的内在，都是具有极大生命力和创造力的。当这些生命力被阻碍，被压抑，生命就会变得痛苦。痛苦是为了唤醒我们的内心，让我们去做真正想做的事。然而当痛苦无法唤醒我们时，身体就会挺身而出，用我们更加显而易见的方式告诉我们：你的生命走错了方向。每一种疾病其实都是一组心灵密码，让你有机会重新回到自己的内心，为自己去创造一个想要的、开心的生活。

如果我们能循着疾病的指引，就能找到不开心的源头，发现那里藏着我们没有发挥出来的生命力、创造力，我们想要奉献出来的力量和热情。

在我接过的个案中，就有大量的来访者因为情绪的压抑而产生了各种各种的身体问题。所以，在使用现代医学治疗疾病的过程中，如果配合使用情绪的疏导和释放，将会事半功倍。有些人长了肿瘤，如果只是切除身体上的病变部分，而没有帮助他去除内心的痛苦，那么肿瘤很可能继续复发。

身心一体，身体会帮助我们承载很多我们内心无法消化的情绪感受，这就是身体的智慧。每当身体出了健康问题，你可以把疾病当作一种隐喻，或者当作一个猜谜游戏。你可以试着去了解这个疾病代表的含义。

理解疾病的含义，是获得改变人生的重要机会。很重要的一点是，你需要向自己提问：有什么是你在经历这样的疾病中能学到的，否则就学不到？这句话听起来很抽象，我试着举几个例子来解释，但是我仍希望你能够找到你自己的答案。

头疼：很多人都会头疼，尤其是控制型的人。头部储存着我们人体最重要的器官之一——大脑。大脑是主管控制的，当现实中发生了不如意或者无法掌控的事，头疼往往就会发作。所以这就解释了为什么人在生气的时候，很容易头疼。

牙疼：牙齿是用来磨碎食物的，牙齿也是动物攻击或者防御的武器，如果牙齿出了问题，也许你遇到了一些现实层面的困难，但感觉无力面对。

喉咙疼：喉咙是用来说话的，如果很压抑无法表达，或者有很多想说却无法说出的话，喉咙就会红肿、疼痛。我小时候非常沉默内向，很少说话，常年有咽喉炎，经常大把地吃红霉素，严重的话还要去输液。等我上了大学，感觉到无限的自由，神奇的是，整个大学期间，我的咽喉炎都没有发作。

胃疼：胃主管消化，当人面对一些会产生巨大情绪压力的事情时，会茶不思，饭不想，甚至难以下咽。还有一些排除了饮食和身体原因的拉肚子，也是因为内心存在无法处理的矛盾和冲突。

背疼：背是用来承担的，背疼代表压力过重，左边的背痛代表来自过去的压力，右边的背痛代表来自未来的压力。

手部的疾病：手代表了行动，如果手部出现问题，表示在现实中遇到了阻碍，无法行动自如。

腿部、脚部的疾病：与手部类似，表示遇到阻碍，无法前行。

感冒：表示不管是什么事，我都不想做了，我只想好好休息一下。

肿瘤：内心的巨大冲突导致的自我攻击。

露易斯·海和谢丽尔•理查森的《生命的重建》一书详细阐述了情绪与疾病的对应关系，也给了我非常多的启发，非常推荐大家阅读并从中深入了解自己的身体。

如何处理身体的疼痛和疾病：

首先试着让自己找到一个地方安静下来。我喜欢到贴近自然的地方待着，或者听一些舒缓的音乐。

然后，深呼吸，让自己放松下来，多呼吸几次，直到感觉身体完全放松下来。

接着，将意识集中在身体疼痛或者不舒服的地方，依然保持呼吸，如果可以，你可以想象你把呼吸带到那个部位，同时把手放在那里。然后仔细去感受，那里怎么了。如果你的内在视觉感受很强，也就是说你可以感受到内在的具体情况，比如说疼痛部位的形状、颜色、质地……不妨仔细观察它。但是一般来说，在最初尝试这个练习的时候，你的思绪会漫天飞舞，你会看到很多画面闪现，还包括一些记忆中的人、事、物。这些画面可能带来很多情绪感受，这时候，继续使用情绪处理四步骤：承认情绪、接纳情绪、感受情绪、理解情绪。

别忘记保持深呼吸，专注于呼吸可以让你不会过多被思绪打扰。因为当思绪存在时，每个思绪都会携带一些情绪，情绪跟思绪不断缠绕，它们就会像滚雪球一样，越滚越大。

我有一位好友，她的右手腕患有类风湿性关节炎，经常又红又肿，带着难以忍受的疼痛。她从很小的时候就开始吃着激素类的药物治疗。直到有一天我们聊起她小时候的故事，她说因为看见父母闹离婚的时候，爸爸对待妈妈十分残忍，这让她非常愤怒。我突然意识到，朋友右手腕的疼痛，可能是因为积压了太多童年的愤怒，让她的拳头无比渴望打向爸爸，从而保护妈妈，但是她始终压抑着这种愤怒，最终导致了右手腕的疾病。

我带她进入这个疼痛的感觉，然后她“看到”了许多可怕的画面。接着我带她慢慢释放这些情绪，她流了很多眼泪。每次释放完毕，她都会觉得更加轻松一点。我还告诉她，如果独处的时候自己有了愤怒的感觉，可以用手去打枕头。原则就是不能伤害自己也不能伤害别人。

她跟我说，她慢慢觉得手腕不那么疼了，开始尝试减药，疼痛也没有复发。后来她去了别的城市。很久之后，突然有一天，她告诉我，她完全停药了，而且手腕的关节炎再没有复发过。重要的是，她跟爸爸的关系也开始缓和。

这就是情绪释放对辅助治疗身体疾病的重要意义。但你不要指望，今天释放了情绪，明天身体就会完全康复。冰冻三尺，非一日之寒。一旦物质从无形变成有形，它的消失就需要时间，我们无法判断一种疾病需要多久才会康复，但是可以肯定的是，如果压抑的负面情绪没有释放，那么这种疾病就会一直存在，因为你还没有接收到它想带给你的信息。

也许它希望你活得再勇敢一点，不要那么委屈自己。

也许它希望你活得更加阳光自信一点，不要老是讨好别人。

也许它希望你活得自由一点，不要老是强迫自己做不愿意做的事……

也许它希望你活得通透一点，放下那些紧紧抓住不放的人。

我也亲身经历过因为生活中发生了巨大的变动，自身产生了许多短时间内无法排解的负面情绪，导致体内迅速形成了5cm大小的囊肿。不仅身体出问题，我整个人也是浑浑噩噩，心绪不宁，六神无主。

虽然我知道囊肿代表了不得不掩饰自己的真实感受和情绪，但是最开始的时候，我几次试图去感受这个囊肿带给我的信息，都毫无收获。有一天我在感受这个囊肿部位的时候，昏昏沉沉地睡着了。我做了一个特别可怕的梦，梦见我从悬崖上坠落，我被吓醒了，胸口上压着沉重的恐惧。

我立刻意识到，这个囊肿之中的情绪，是充满了恐惧、恐慌、压抑和不安的。而那段时间，我确实在掩饰这些无法言说的感受。身体永远是最诚实的，所以要想帮助我的囊肿好起来，除了医学上的治疗之外，我还需要疏导所有隐藏的负面情绪。

在这个梦之后，当我再去感受囊肿的部位时，一些隐藏的情绪就开始慢慢涌出来，我就不断地感受它们的出现，以及带给我的感受、画面、记忆，直至这些感受消散。而它们带给我的领悟是：请去面对自己真实的内心，不要再逃避。

大胆尝试这个方法吧，即使做不好，它也不会给你带来什么坏处。不需要做到完美，在当下那一刻，你能做到哪一步就做到哪一步，甚至也许你第一步都不想做，那就允许自己不想做。请记得，永远给自己深深的允许，不管你做了什么或者没做什么，不管别人说你做得如何，以及评价你是个怎样的人。

很多人并不爱惜身体，在受伤、痛苦的时候，会折磨自己的身体，绝食、暴饮暴食，甚至伤害自己的身体，以此来表达自己内心的痛苦。我问过一个经常用刀划自己手臂的女孩子，为什么要对自己做这么残酷的事？她说，身体的痛会让她暂时忘记内心的痛苦。但是她从未想过，身体用无限的慈悲对待着我们，不管我们对身体做些什么，它都一如既往地保护着我们，承接着我们所有的情绪垃圾，可是我们从未感谢过它。

你讨厌你的身体，你觉得你的眼睛不够大，鼻子不够高，皮肤不够完美，胸不够大，腿不够瘦……你挑剔着自己的身体，却没有看到，不管你怎么评价它，当你想做任何事的时候，你的身体都会帮你一起完成它。

你能看到身体对你的爱吗？如果你也愿意如此慈悲地对待自己，就先给自己深深的允许和接纳吧。

身体会将所有过去的经验带给我们的影响储存起来，尤其是那些我们感受到的痛苦、难过、不愿意回忆的事情。我们以为自己忘记了，可身体却记住了。我们压抑的情绪如果没有得到释放，就会让身体紧绷、阻塞，甚至让细胞产生病变。

把感激带到你身体不舒服的地方吧，把温柔带到你身体不舒服的地方吧，把爱带到你身体不舒服的地方吧，别把让它好起来当作目标，就只是陪着疾病，安静地陪着它，陪着你过去不愿意面对的事情，陪着你的悲伤，陪着你的无助，陪着你的孤单。

钱学森在其著作《论人体科学和现代科技》一书中，把医学分为四个领域。治病的第一医学，防病的第二医学，补残缺的第三医学以及提高人体机能的第四医学。其中人体的自愈能力，是第二医学的核心。身体的自愈能力，就是人体自行修复各种损伤的一种功能，也是一种现象。

如何唤起身体的自愈能力？

在很多癌症患者康复的案例中，患者使用的方式不是放疗、化疗，而是抱着“反正人生只有这一点时间了，我要为自己活一次”的心态，去做真正想做的事，有的归隐山林，有的去环球旅行。在这个过程中，他们的身体神奇地一点一点自我痊愈了。因为在做自己想做的事情的过程中，遗憾开始变少，批判开始变少。没有了必须要做的事，也没有了应该要做的事，只有我想做的事以及我想成为的人。这是医疗上无法解释的奇迹，但是这也足以证明，我们的身体有足够的智慧。

在你不经意的每一刻，你走路的时候，你聊天的时候，你吃饭的时候，你睡觉的时候，你的身体正在创造无数的奇迹。你身体中的亿万个细胞正在有条不紊地运作着，保证着你的生命需要的一切。只要你不用负面情绪干扰它，身体会自动运作得非常好。

身体的自愈功能总是被忽略。当我们的身体受了伤，即使我们到医院去处理、包扎，是药物治好了我们的伤吗？不，药物的作用只是防止细菌感染。伤口的愈合，其实都是身体的细胞自主进行的。如果说细菌是外在伤口的阻碍，那么负面情绪就是疗愈疾病的阻碍。这就是身体的智慧，你只需要去掉阻碍，身体会知道如何自我愈合。

内心的冲突会导致出现大量的负面情绪，如果这些负面情绪仍然无法得到很好的处理，就容易导致呈现在身体上的疾病。

人的整套智慧系统是非常完善的。情绪的出现是为了告诉你，你的内心并不快乐，你走在了一条不是你真正渴望的路上。情绪有一套语言系统，如果你无法接受这套语言系统，那么情绪就会将接力棒传递给身体，让身体通过疾病的语言方式来唤醒你。

如果只是内心的痛苦、情绪上的痛苦，很容易被我们压制和忽略掉。但一旦演化为身体上的症状或者疾病，就会更容易促使我们去重视它。因为身体的问题更容易激发我们对死亡的恐惧感，从而转化为求生的力量。

当我们的生命力得以绽放，所有的疾病都会应声而退。这就是生命的伟大智慧。去做你想做的事吧，去爱你想爱的人，去活成一个充满热情的人。别怕犯错，别怕受伤，伤口总会愈合。要知道，人一旦失去了希望，就如同掉进黑暗的深渊中，难以脱身。

人生是无限广阔的，生命每分每秒都在对你说话，它也许用情绪的方式在对你说话，它也许用疾病的方式在对你说话，而你要做的，就是不再逃避。去听这些声音，它会让你的人生走向更加丰盛、美好、自在的旅程。

让我们换个角度去明白疾病吧，也许你会由衷感谢这份来自“疾病的礼物”。

下面这个练习可以帮助你更加了解自己的身体，以及你对自己身体还有哪些负面的信念。

你喜欢自己的身体吗？

你最喜欢身体的哪三个部位？原因是什么？

你讨厌自己身体的哪三个部位？原因是什么？

跟你一直评判的身体部位进行和解吧：

亲爱的身体，很抱歉我曾经一直在评判你，今天我想诚挚地对你说声对不起。从今天起，我会好好爱惜你。感谢你帮助我在这个世界上生存下去，帮助我完成了所有想做的事。

如何爱自己的身体：

（1）观察自己的身体，与身体有意识地进行链接。

（2）感受身体的需求。

（3）肯定、欣赏和感激自己的身体。

（4）耐心地对待身体，悉心呵护它。

（5）温柔地按摩和抚触。

（6）适当运动。

（7）贴近大自然。

（8）保证良好的睡眠和食物。

辑三

改变应对模式，就能掌控情绪

1.一个目标：通过改变情绪应对模式来改变人生

什么是情绪应对模式？

情绪应对模式是指我们在日常生活中，面对发生的事情表现出来的情绪惯性和接下来使用的行为模式。不知道你是否有过这样的经历，当你开着车行驶在每天上班下班的路上，你可能根本不需要思考你将要在哪个路口转弯。当你回到家，你甚至不知道自己是怎么回来的。这个过程仿佛已经变成了一个自动化的程序，印刻在你的大脑中。情绪应对模式也是如此，你会发现你明明不想生气，不想跟孩子、伴侣、父母发脾气，但是你根本忍不住。

有位来访者说她每次看到孩子做错事，都会忍不住打孩子，打完之后看着孩子哭得红肿的眼睛，心里又控制不住地自责，甚至想买玩具给孩子作为补偿。她说她想改变，但是又不知道该怎么改变。

我相信有这样想法的人不止她一个，明明知道生活被自己的某些负面情绪和行为搞得一团糟，但是说到改变，却又觉得无从下手。为什么你想改变却一直没有真正改变？

几乎所有人都抗拒改变。我们的大脑真正所抗拒的，是改变需要付出的代价。因为大脑遵循的是安全和节约资源。所以我们生理上的设定就是能不改变就不改变，除非被逼无奈一定要改变。所以主动改变是一种充满了困难的挑战，做的时候往往让人想要退缩。

而能够让你愿意坚定地迎接这一挑战的重要原因：要么是你非常清晰地明白你想要改变的目的是什么，你才会主动改变；要么就是你觉得现在的生活遇到了困境，让你感觉非常不舒服了，甚至让你难以继续忍受下去，所以你被迫做出改变。我相信，大部分人都是后者。

如果你还没有说服自己改变现有的情绪应对模式，你可以摸着自己的心口，真诚地问自己：从过去到现在，我一直使用的情绪应对模式，给我的人生带来了什么？我的生活是什么样子的？我感觉如何？这是不是我想要的？不用考虑任何其他的因素，就只是向自己提出这个质疑：如果我不改变，在目前的生活状态下，我能够坚持多久？我会一直感觉到满意，还是我会在未来的某一天开始悔恨现在的自己没有及时改变？

如果你的答案是“我会满意”，那你真的不需要大费周章地去让自己经历痛苦的改变，但是如果你渴望的生活在遥远的前方呼唤着你，你希望放下过去，开创一种全新的生活，开始一个全新的自己，那么你就需要坚定地为自己许下一个承诺：我要改变。

另外一个影响我们改变的因素是：我们觉得不公平。

曾经有很多朋友问过我，为什么明明是对方的错，却需要我来改变？如果这个世界可以通过判断对错来解决所有的困境，那我们的生活会轻松许多。但问题是生活从来没有一条明文规定，说你只需要做对哪些事，你就可以获得想要的生活，我们都是摸着石头过河的人。

所以当你感觉痛苦，一定是有些地方出了问题。那个出问题的可能是你，也可能是是对方，但是谁应该做那个先去修正的人呢？是“做错”的那一方吗？不！答案很简单：谁痛苦，谁就改变。谁更需要，谁就是那个迈出第一步的人。

首先要转换一个观念：你的所有改变不是为了对方，而是为了你自己。因为痛苦的人是你，想摆脱痛苦的人也是你，为了摆脱痛苦而改变的那个人自然也是你。而改变之后，品尝到幸福果实的依然是你。

“凭什么”这种想法的真正危害在于，你把改变的受益者当成了他人，你认为你在辛苦地改变，而对方却坐享其成。我知道这看起来不公平，但是当你品尝到成长后的甜头，你一定会感谢当初决定改变的自己。

我自己亲身经历了这一个过程，从希望别人改变到不得不让自己改变。我曾经觉得都是别人的错，是别人对我做的一切导致了我的痛苦。但是当我从怨天尤人，抗拒改变，到被逼迈出改变的第一步之后，我开始迷上了自我进化。

我们做的所有一切，真正的受益者一定是自己。就像小时候我们的父母催促我们学习，都会说上一句话：你学习是为了自己，不是为了我们。可往往长大之后，我们才发觉这句话是多么正确，但是当时我们并不相信。我们经历过的坎坷，体验过的挫折，学到的一切智慧都铸就了我们每个人的独特性。人生没有白走的路，每一步都算数。

对于情绪处理也是如此，我们为什么要学习如何正确处理情绪？原因很简单，因为情绪干扰了我们真正想做的事，阻止我们达成目标，妨碍我们过上想要的生活。而我们所有的努力只是为了一个简单的目的：那就是让我们过上想要的人生。人生只有一次，我相信你不会甘心一生平庸而碌碌无为，我相信你有着梦想，至少曾经的你一定有过梦想，只是你在长大的路上弄丢了它。

而改变情绪应对模式，不仅可以让你摆脱现实生活中的痛苦，更可以让你对人生的目标和方向更为明确，并且为之努力。这就是我们要去改变情绪应对模式的原因：你不是为了任何人，你只是为了让自己可以更加幸福。当你幸福了，你会发现，你可以影响越来越多的人也改变自己。当你为自己点亮一盏灯，你也会照亮周围人的路。

改变的过程是先由一个想法开始的，那个想法就像一个小小的火苗，然后你用源源不断的行动为它增加燃料，哪怕只有一点点，只要火苗不熄灭，总有一天它会变得越来越大，烧光过去，带来全新的你和全新的未来。做好决定了吗？

如果你的答案是肯定的，这个方法会让你如虎添翼，让你更有改变的信心和定力。

准备：一个安静的地方，一首让你感觉充满希望和力量感的纯音乐，一张白纸，一支笔。

（1）打开音乐，让自己安静下来，闭上眼睛跟音乐在一起。

（2）想象你改变之后，将会获得的理想生活的图景，越清晰越好。直到你充满了对那样的自己的向往。

（3）不睁开眼睛，盲写你看到的一切。不需要做任何判断，只是记录。

（4）问自己：如果从现在到我期待的那个未来，我是否愿意为之付出努力，不管有多难。当你内在的回答是“是”的时候，体会这种力量感，在你觉得合适的时候，睁开眼睛，回到当下。

这个方法不仅仅适用于当我们想改变我们的情绪应对模式时，也适用于你在人生之中想做出的每一个改变的时候，因为它的作用是唤醒你的内在意愿和内在力量。当这个力量建立，你完全可以成为人生的主人。

你已经把改变的种子种在心里，接下来就是行动了。养成一个新的习惯至少需要28天，但是我希望你能至少坚持2个月。你必须有意识地进行，直到它变成习惯，可以自动运行。人的习惯会自动运作，我们往往会成为习惯的“奴隶”，但好消息是：我们可以选择让什么成为我们的习惯。

怎样应对情绪的习惯让你变得不再痛苦？我们该如何去除这个习惯？怎样应对情绪的习惯让你变得强大？我们该如何建立这个习惯，并且让它自动运行？

至于行动的方法，我会写出我的建议。你可以作为参考，并根据自己的目标为自己制定计划，记住你永远是自己人生的决策者。

（1）找到自己主要使用的情绪应对模式，记录自己的惯性情绪反应和行为。

（2）问自己，有没有更好的处理方法，是什么？

（3）在生活中，注意去觉察自己是使用了习惯的情绪应对模式，还是新的情绪应对模式。

（4）选择一个安静的时间，使用情绪释放的四个步骤去跟情绪进行深入对话。这是我们从内在获得智慧的重要方式。没有人会知道你所有问题的答案，除了你自己。

如果你明白建立起全新的情绪应对模式有多么重要，你就会知道它将为你带来的收益，远远超出你会付出的代价。这绝对是最佳性价比的投资。

2. 两个策略：找到你的情绪构成和应对模式

理想状态下的情绪应对模式的顺序是：感受到情绪——处理情绪信息——调整应对策略——生活越来越好。但是我们往往在应对的第一步就选择了相反的方向：感受到情绪——排斥抗拒——卷入情绪漩涡——重复不想要的生活。

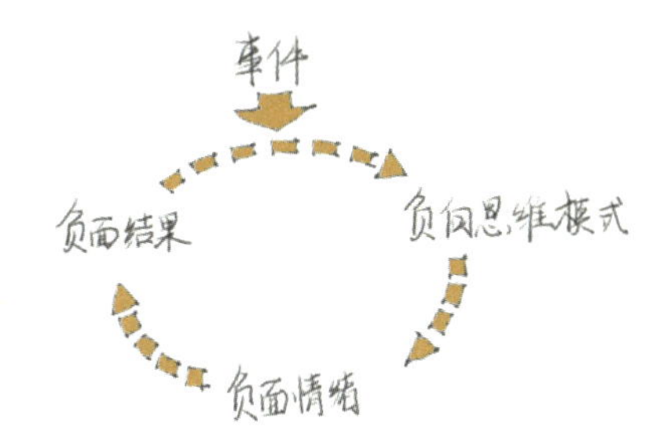

可是我们并不想这样做，我们也想改变，却总会进入到旧有的应对模式中。就像汽车有惯性，我们的思维方式、行为方式都是有

惯性的。大脑的神经通路一旦建立，就会执行最省时省力的原则。你是否有这样的经历：你永远会在类似的事情上暴跳如雷或者伤心难过。你厌倦这样的自己，但是就像一个逃脱不了的程序，这种行为模式已经深深地控制着你。如果你不主动进入改变的程序，那么一切就会一直按照旧有的模式来运作。

其实这就是我们的情绪应对模式：你是否了解，你经常使用什么样的情绪去应对发生的事情？而且这个模式已经固化，如果你没有特意去寻找发现，就很难看清它。而如果看不清楚，又何谈改变呢？

了解你的日常情绪构成：我们花了多少时间在负面情绪上

让我们来绘制一个你的情绪圆环，这里有一些常见的情绪，分别是：愤怒、悲伤、快乐、恐惧、嫉妒、焦虑、后悔。你可以根据最近半年这些情绪出现的频率和强烈程度来综合打分，1分是最少，7分最高。不用担心你给出的分数是否正确，因为它没有评分标准，这是一个非常主观的过程，你只需要根据你的真实感受填写就可以了。

然后把每个分数连接起来，这就是你的情绪地图。它呈现了你的每一天大部分时间处于什么样的状态下。找到你分数最高的那几个，记录下来它们分别都是什么情绪。找到了影响你生活最深的情绪，接下来就是重点攻克它们的时刻了。

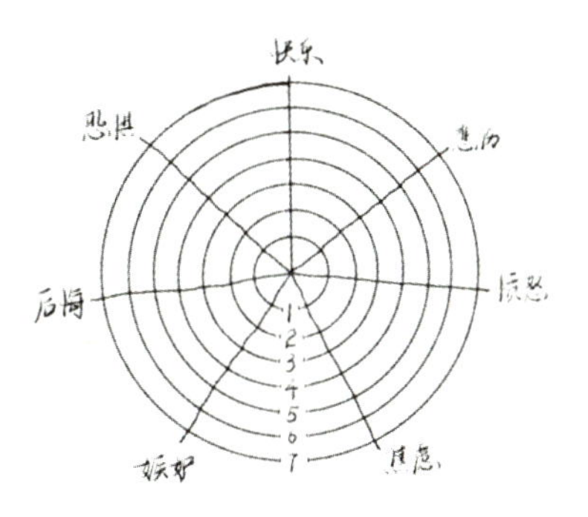

分数最高的三种情绪：________________

了解你的情绪应对模式：我们如何戴着偏光眼镜解读世界

每个人的情绪应对模式都不尽相同，不管我们经常用怎样的情绪应对模式来解决问题，都说明它们曾经是有效的。所以请不要因为发现自己习惯使用愤怒，或者习惯抱怨、指责、难过、委屈等而觉得自己不够好。

拿我自己举例，在我小的时候，因为妈妈曾经一度性格非常暴躁，所以我学会的最有效的情绪应对模式就是恐惧以及因为恐惧而带来的逃避。恐惧让我极度地服从，这样可以最大程度避免被打骂，从而保护自己在当时的环境中生存下来。

但是同时，我也在观察中学会了使用愤怒来处理问题，当对方不如我强大的时候，我就会使用愤怒的情绪应对模式，比如对待我的孩子，当他做了不合我心意的事情时，巨大的愤怒就会出现。尽管我讨厌这种方式，但是那一刻，我瞪圆了的眼睛和咆哮的怒吼，跟我的妈妈没有区别，这就是你比你以为的更像你的父母的原因。随着你对自己的了解越来越清晰，你会看到，如果不主动改变，你很可能变成你的父母。

我一直以为我跟妈妈是不同的，妈妈脾气急躁，而我孤独内向。但是随着我逐渐长大成人，当妈妈批评我某件事情没有做好的时候，我就会控制不住地跟她争吵起来。结果就是两败俱伤。虽然我不愿意让她伤心，但是人的情绪应对模式一旦建立，往往就会自动地被触发，让人失去控制。

这就是我们无法控制情绪的原因，父母的情绪方式、行为模式变成了一种被编好的程序，植入我们的大脑，并且不会轻易被我们的主观意愿改变。而我们要做的，就是拆解这套过去无意识中建立的程序，并建立真正有效的、弹性的情绪应对模式，并且可以在不同的场合中自由切换。

读到这里，你已经了解，过去无意识的情绪模式是怎样毁了你的生活的。而你在认清它的真面目时，第一个要做的就是不再允许它来影响你。但是它很狡猾，会在不经意的时候溜出来，试图重新拿回控制权。这就要求我们需要随时保持一个清醒的观察者的姿态，一旦我们发现自己又掉入旧的应对模式了，就要立刻提醒自己：嘿，别玩旧把戏了，那并不好玩，而且对我的人生毫无益处。尽快让自己清醒过来是十分重要的，这会让你立刻跳脱出那种负面的状态。

在电影《分歧者》中有这样一个片段：女主角翠丝被注射了某种血清，进入了自己的幻象中。在幻象里，她被困在一个密闭的玻璃箱中，不断有水注入，她用尽一切力气挣扎，击打玻璃，但是毫无用处。就在她快溺死的时候，绝望之中的她突然意识到这一切都不是真的。她也因此立刻冷静下来，她用手指轻轻点了一下玻璃，玻璃墙壁立刻破碎，她也成功逃脱。

我曾反复观看这个片段十多次，每当我陷入某种困境，我就会提醒自己：我是否忘记，困住我们的困境其实是“假的”，因为这个结果是我们从过去累积至今的情绪应对模式带来的。它是一个结果，但不是限制我们无法突破的原因。而我们有能力在当下就立刻粉碎这个困境，只要清醒地意识到，自身有新的方法去解决，就如同电影中的翠丝从一开始的慌乱与挣扎，到镇定自若地打破玻璃密封箱一样。

对于我们过去惯用的情绪应对模式，以及这个模式给我们带来的痛苦，它并不是唯一不变的。你可以随时像换电视频道那样换掉它，重点在于你是否在那一刻清醒而理智地看到自己可以有更多的选择。

如果你可以随时最大程度保持对自己情绪模式、行为模式的观察，提醒自己更换掉正在自动发生的情绪应对模式，你就可以越来越熟练地使用新的情绪应对模式。

而当你有了足够的感知力、觉察力，你会在情绪来临的时候看见它，看见它如何涌入你的身体，如何给你带来感受，你如何经历这种感受，你如何应对这种感受，以及你如何通过我即将要交给你的方法让它离开。就如同你穿过一片云，你感受到云的湿度和温度，你得到了一片云带给你的独特体验，但是你并未被云带走。

有时候，情绪中还带着巨大的智慧，犹如携带着鱼群的海浪，你也许会被海浪打湿，但是你会在海浪过后，收获丰盛的鱼群。前提是你准备好接鱼的工具。我在写这本书的时候经历了很多次挫败感，每次这种感觉出现的时候，我都想放弃，但我知道这是我的旧的情绪面对模式——逃避。所以每当我想要退缩，都会提醒自己别回到原来的老路上行进，因为那不是我想要的结果。

有一次让我中断写作的原因，是我迷失了自己。我想写出让市场接受的书，但是我忘记了一本书应该是作者生命经历和感悟的真实流淌。在写不出书的痛苦中，我看着自己的混乱，如同狂风中混杂着的纷飞的树叶和垃圾。再深入往前踏出一步，我看到了自己的恐惧：害怕写出来的书不受欢迎。继续再往前一步，迎着恐惧，我问我自己：我写书的真正初心是什么？如果这本书没有机会出版，我还会写吗？

答案是：我想写这本书是因为我有非常重要且宝贵的经验要分享给这个世界，即使不出版，也没关系，不受欢迎也没关系，我也要完成它。即使只有一个人因此而获益，这本书也实现了它的价值。

突然间，所有阻碍我继续写下去的困扰都消失了，我感受到前所未有的自由。我不再为了出版而写，不再为了受欢迎而写。我写这本书仅仅是因为我跟情绪“过招”10年，曾经被情绪打得鼻青脸肿，在绝望中无助地哭喊，但是我最终找到了与它共处的方法。过去的我害怕权威，害怕被否定，害怕被批判，那就跟过去的我告别吧，人生之中没有什么是必须要背负的。

每一天、每一刻都是我们活出新版人生的机会，而那些小小的情绪，又怎么能阻碍得了你呢？

3. 三个要素：如何快速学会转变情绪应对模式？

这三个要素分别是：意愿、勇气和行动。

这个部分放在本辑的最后，是希望大家能够审视自己的初心。你是否已经知晓了你为什么要改变自己的情绪模式，你的目的是什么？当你明确了你的目的，你才有可能真正愿意改变。我见过太多陷入负面情绪的人，他们选择了被情绪控制，放弃了自己的力量，任由自己被情绪的心魔操控，做出许多令人扼腕叹息的行为。

曾经有过这样一则震惊全国的新闻：上海一位17岁的少年被母亲批评之后，毅然决然地从大桥上翻身一跃，彻底离开了这个世界。如果母亲或者孩子留意到自己的情绪应对模式是需要调整的，也许这场悲剧会有不同的结局。

在我陪伴过的个案中，一位来访者因为无法接受伴侣可能离开而陷入巨大的痛苦中，甚至做出自残的行为。他用这样的方式来表达他的爱和悲痛，他听到脑海里那些喋喋不休的念头，让他去复仇，让他跳进绝望的深渊。他的眼神恍惚，胡言乱语，几乎快要失去理智。他说他不是不想走出这个痛苦之境，而是他无法走出来。我想起我曾经患抑郁症时的状态，也非常类似。无数负面的念头缠绕着我，在耳边不断地尖叫着让我离开这个世界，而我最终能够治愈自己的抑郁症，起源于一个坚定的决心：

我一定要好起来，我不给自己别的选项。

这个决定也意味着你对情绪的观点、态度跟最开始的时候有所不同。这意味着你决定为自己的情绪承担起责任。不是说他们没有能力改变自己应对情绪的方式，而是他们选择了继续让负面的情绪应对模式控制着自己。如果你知道了你其实有更多选择，最终却依然坚持不去改变，这也无可厚非，因为每个人的人生都是自己决定的。如果你决定要改变现在的人生，请务必给自己许下一个承诺：不管多么难，我一定要做出改变，我要让人生有所不同。

这位来访者最后走出了内心的痛苦，这是个艰难的过程，但是最后他收获了喜悦和平和。而这一切的原因，就是因为他终于做出决定：

不管多么难，我都要面对，我都要改变，我不想再被负面情绪所控制，我的人生还有那么长，我不想一直这样痛苦地生活下去。

当你做出决定，你就拥有了勇气，而勇气也将护佑你在向内的旅程中一直探索下去。这并不需要很多的勇气才能开始，只要你能迈出第一步，你就能在这一步中获得新的勇气。从0到1的过程是最艰难的，但是一旦将0突破，进入到1，你就可以来到2、3、4……直到无穷尽。因为你往前走的每一步，都会让你获得成就感，这个成就感会指引你迈出下一步，你也会因此累积越来越多的勇气。

在写这本书的时候，我同样遇到了巨大的困境，但是我明显看到现在的我跟十年前的我如此不同，这些年累积的勇气让我在风浪中依然无所畏惧，所有扑面而来的巨大情绪，我都逐一面对。当我穿越了它们，我收获了巨大的礼物——内心的安宁。让勇气带领你去行动吧，不管有多大的困难，只要你开始行动，哪怕走得缓慢，你也必然将会抵达终点。

所以，当你具备了意愿和勇气，接下来就去行动吧。行动可以把无变成有，把创造的结果从一个想法转化成现实。别害怕行动失败，不是说你做了就可能成功，但是如果你不做，你永远不可能拿到这个结果。

如何行动呢?

你可以选择任何你喜欢的方法，你也可以选择这本书中的方法或者其他书中的方法，只要它们是有效的。唯一需要注意的是，别用过去你习惯的但是却已经被证实是无效的方法，因为相同的行为只会带来相同的结果。过去的行为已经让你得到了不想要的结果，为什么还要一直重复它呢？

当你又陷入过去的情绪应对模式中时，一旦你发现了，就及时提醒自己停止，然后尝试使用新的方法，你自己会感受到这个方法是否有用，有用的方法就继续使用，没有的方法就换掉。

轻松一些，别有压力，因为向内的旅程只能是我们一个人要走的路，所以不需要做给任何人看，这只关乎你自己的内心，关乎你自己的感受，你要考虑的只有自己。按照自己的节奏去做，当你做对了，你的心会用越来越坚定、踏实的感受来告诉你。

也许过去，我们都把幸福的钥匙交给了别人，当别人做了什么或者不做什么的时候，我们会感觉到开心或者难过，而你一刻也不会感觉到安心。因为你不知道对方下一刻会说些什么、做些什么。所以，当你决定，我不要再继续这样下去，我要拿回人生幸福的主动权的时候，你就来到了人生全新的起跑点。

改变不是因为你不够好，只是因为过去的情绪应对模式限制了你的生活。我曾经喜欢用逃避面对一切，虽然这可以让我一直躲在舒适区里，但我也因此失去了很多让人生变得更加美好的机会。我不肯拆掉我内心的墙，我害怕阳光照射进来。我的内心阴暗潮湿，不是因为我喜欢那样，而是我害怕阳光照射进来的时候，我看见自卑而又懦弱的自己。

但是生命的本质总是渴望无限的，而且这股意愿也会不断地催促你向前去突破，这也是你会看到这本书的原因。如果你曾经像我一样胆小、无力、懦弱，恨不得永远躲在地缝之中不要被看到，那我走过的这条路，将会是你改变人生的捷径。

也许你会说，我没有勇气也不知道该怎么行动。但是如果前方放着你最想实现的愿望，最想爱的人，你会奋力扑过去吗？把那个人想象成你自己吧。没有谁比你自己更值得你去爱，当你有能力爱自己，你才能够爱更多人。

从根源解决情绪问题，迎接全新人生

1. 了解情绪的两种走向，分类应对更轻松

通常情况下，我们习惯把情绪分为正向情绪和负向情绪。但是这样的分类对于处理情绪问题没有任何用处，只会让我们在面对负面情绪时拼命排斥，感觉如临大敌。在多年研究情绪的过程中，我发现另外一种分类，会让人更容易理解情绪。

情绪产生之后，如果按照情绪的指向性，可以分为“对外攻击型情绪”和“对内攻击型情绪”。

如何理解“对外攻击型情绪”呢？我们先来回答一道很有趣的问题：当小孩子跑着跑着突然摔倒的时候，他会怎么反应？

A. 号啕大哭

B. 自己爬起来

如果养育过孩子，你就会发现，在这种情况下，孩子会看一下

周围，如果有爸爸、妈妈、爷爷、奶奶在旁边，大概率会没完没了地号啕大哭。但是如果只有自己一个人的时候，孩子会拍拍灰，自己爬起来。也许真的摔疼了，会掉几滴眼泪，但是孩子不会像有家人在旁边一样哭得撕心裂肺。这种表现给别人看的情绪就是“对外攻击型情绪”。

“对外攻击型情绪”简单地说就是一种手段，用来获得或者满足我们的需求。比如刚才举例中的小孩，有家人在的时候，他哭泣可以获得安慰，说不定还能因此得到零食或者心仪已久的玩具。所以想要解决这部分情绪，你需要知道的是，你在利用情绪满足什么需求。如果需求没有满足，这部分情绪很难凭空消失，甚至可能继续发展变异成为更加复杂的情绪。

“对内攻击型情绪”则是不管有没有别人在场，你都会产生的一种情绪。比如很多人在难过的时候，一个人在房间里流眼泪。这些眼泪甚至不希望被任何人看到，此刻的情绪就是对内攻击型的情绪。

为什么要做这种形式的区分呢？是因为我在不断研究自己以及很多人情绪的问题该如何处理的时候，发现这两种情绪处理起来的方法是不完全一样的。一旦混淆在一起，它们就会变得纷繁复杂，像一堆乱糟糟的到处打结的毛线团，找不到头也找不到尾，越想解开越是让人心烦意乱，很难有效地处理情绪。而这样区分情绪，先将对外攻击型的情绪作为处理的着手点，更容易将纷繁复杂的情绪拆分得整整齐齐，逐一攻破。

对外攻击型情绪的重点在于处理跟外界人、事、物的关系，而对内攻击型情绪的重点是处理跟自己的关系。但是我们跟自己的关系是很难觉察到并且十分抽象的，此时就可以将对外攻击型情绪和对内攻击型情绪重合的部分作为入口，进入对外攻击型情绪的大门，走上回归内在的路途。

2.有用但要会用的情绪：对外攻击型情绪

很多人说：我就是这样的暴脾气，改不了了。真的是这样吗？

假设你正在跟孩子或者伴侣发脾气，这时候领导打来电话询问工作的事，你大概率会立刻切换成柔和的语调来跟领导说话，这就说明我们可以使用理性的情绪来调控我们的对外攻击型情绪。所以，对外攻击型情绪是可以靠理智控制的。

不是我们改不了我们的脾气，是我们并没有真正地想改变。那么问题来了，为什么不想改变？因为对外攻击型情绪在生活中的作用远远超乎你的想象。首先来看对外攻击型情绪的三个目的：防御攻击、权利斗争、获得好处。

一是防御攻击。

顾名思义，防御攻击就是防御别人对你的攻击，以及在你感觉到伤害的时候去进攻别人。不管大事还是小事，有人插队，走路撞到你，或者剽窃了你的劳动成果……都会引起我们对外攻击的情绪，因为我们要保护自己的权益不受侵害。

这是本能的自我保护，但是如果你的内在缺乏安全感，你就很容易因为过多的自我保护而不断地攻击别人。比如别人不经意的一个眼神，可能并没有过多含义，但是如果你理解为对方对你的鄙视，那你也会进入对外攻击的状态。

二是权利斗争。

权利斗争常常出现在各种关系中，跟父母的关系，跟伴侣的关系，跟孩子的关系，跟同事的关系……所有权利斗争的目的是为了赢，以此证明：我是对的，而你错了。

你可以去观察生活中的大部分争吵，都是在去争赢。因为没有人愿意成为失败者。你跟我发脾气，我就把音量提高到三倍，两个在争吵的人，就如同两头情绪化成的猛兽，互不相让，争得你死我活。

这样斗争的结果其实是两败俱伤，就算你吵赢了，你的心里也并不快乐。赢了争吵，输了关系。每个人都有着对爱的渴求，而这样的权利斗争，会让你感觉自己离爱越来越远。

三是获得好处。

在这里，我讲个来自《庄子·山木》的故事。

一个人正在乘船渡河的时候，前面一只船正要撞过来。这个人喊了好几声没有人回应，于是心中怒火中烧，大骂前面开船的不长眼，结果撞上来的竟然是一只空船，于是刚才满腔的怒火也就消失得无影无踪了。这就是典型的对外情绪，我们可以想象一下，假设前面撞过来的船不是空船，那这个人大概率会不依不饶，一定要对方道歉或者赔偿自己的损失才肯罢休。

还有一个类似的小故事：有一个人走在路上被另外一个人撞了，立刻火冒三丈，揪住那个人理论，却发现对方是个盲人，立刻对自己的行为感到愧疚。同样是船被撞了，发现对面是空船就不生气了；同样是脚被踩了，发现对面是盲人甚至心怀愧疚，是什么让事情产生了这么大的变化？当你关于可以从对方身上获得东西的期待改变时，你的情绪状态就会改变。船被撞了，脚被踩了，本来期待的是获得对方的道歉，最好还能要一点赔偿，但是发现是空船，是盲人，期待立刻消失，情绪也随之消失。

看到这里，是不是有点恍然大悟：哦，原来我过去使用这样的情绪和行为，是有目的的呀。并且你一定通过这样的情绪模式成功地为自己达成过目的，不然你不会沿用至今。回想我最开始发现自己得抑郁症的时候，我也是希望我的先生能够看在我这么痛苦的份上，满足我们搬出去住的愿望。结果先生不但不同意，反而觉得我更加需要有人看护。这是我始料未及的，因为我从小的经验是，当我生病，我的妈妈就会停止对我进行批评，并且温柔地对待我，满足我的愿望。

而这一次，我的先生不按常理出牌，我躺在家里哭了一个月，把自己搞得人不人、鬼不鬼的，我的内心愤愤不平：医生都诊断我为抑郁症了，我的先生居然无视我的请求。我无比地愤怒，甚至觉得先生并不爱我。但这也阴差阳错促成了我想要好起来的决心。

如果这个方法没有用，我该怎么办？我吃了那么多苦头，结果都白吃了。那我干吗还要这样作践自己？我必须好起来，我还年轻，我想体验美好的生活，而不是把自己葬送在这无尽的痛苦的深渊中。我要把我放弃的力量找回来。

虽然整个抑郁症的治愈过程非常不容易，但是正因为我在那一刻为自己许下了承诺，才让我坚持走完了整个疗愈的过程。我不敢想象，如果我要到了好处，我的先生满足了我的愿望，我的抑郁症可能会一直持续，因为它为我达成了目的，而我会继续用它为我获得好处。

另一个女孩被诊断为抑郁症之后，她的领导都不敢再安排她任何有可能让她感觉无法接受的工作，而她也可以随时在工作的时间想睡觉就睡觉，没有人会批评她，责备她。所以她享受着所有的特权和优待。她接受了将近一年的心理咨询，但是毫无效果，因为她如果好起来，她会被当成正常人一样对待，她现在享受到的所有特权都会失效，这样的结果比起抑郁症的痛苦更让她无法接受。

一旦通过抑郁症获得了想要的东西，不管是爱、关注，或者是可以不用做自己不想做的事，抑郁症都很难真正好起来，因为这时抑郁症就变成了满足心愿的手段，我们称之为“病理性获益”。

举个例子，我小时候生病的时候，妈妈会突然变得温柔，不跟我发脾气，也极度地关心我。这就是我渴望的妈妈的样子呀，甚至还可能有平时吃不到的零食，于是我特别喜欢生病。生病的体验对我来说，哪怕要打针，要吃药，但是都意味着幸福。情绪是一种非常特别的手段，而我们往往没有留意到，我们一直使用情绪来为自己谋取更多的利益。

每个人使用的情绪手段都不一样，它们来自我们的父母和我们的成长环境。我们的父母从小对待我们的方式，我们会潜移默化地把它们印刻在我们的大脑程序中，变成自己的情绪应对模式。比如父母看见你犯错的时候会狠狠批评你，你在伴侣或者孩子犯错的时候，很可能也会狠狠地批评他们。

在上一辑我们绘制的情绪地图中，分数最高的那3个情绪，就是你最惯用的情绪武器，而它也一定曾经为你带来了很多益处。啊，让人又爱又恨的情绪呀！原来让你痛苦的是它，帮助你达到目的的也是它。

既然负面情绪在不经意间为我们带来了这么多的好处，可是为什么我们还会因为负面情绪而感受到痛苦呢？虽然情绪可以成为一种手段，但是它并不是最优的方法，因为负面情绪为我们获得的一切都是建立在伤害关系的基础之上的，而我们并不希望付出如此之大的代价，对吗？其实情绪并不能真正地解决问题，不然情绪本身就不会成为一种问题了。所以想要通过使用“对外攻击型情绪”解决问题，往往只会把事情搞出另外一个我们不愿意接受的结果，一个好的解决方法应该是达到双赢。

最常见的是父母训斥孩子的时候，父母表现得很愤怒，看似是在教育孩子，但父母正在使用他们的情绪去压制孩子，试图让孩子屈服于他们的愤怒，从而做一些父母希望孩子们做的事情。伴侣之间也是如此：你做了什么，于是我不开心了。有些人会选择生气，有些人则选择冷战。目的就是让对方感觉不舒服，从而达到让对方改变的目的。但是久而久之，关系之中的两个人就会开始慢慢产生裂痕。

那你是否开始好奇，为什么我们会有这样的“对外攻击型情绪”，来为自己达到目的呢？它最初来自哪里呢？其实这个本领我们生下来就会，小宝宝如果渴了、饿了、不舒服了，会通过哭声来引导爸爸妈妈来满足自己的需求。如果爸爸妈妈及时回应了，宝宝会感到安全；如果父母没有及时回应，宝宝会感到害怕、恐惧，认为世界是不安全的。所以我们每个人都是使用情绪控制别人行为的高手，只是你不知道罢了。

当你开始用这样的角度去理解情绪，也许你会更加容易放下这个观点：我控制不了我的情绪。你控制不了的真相是因为你知道你还能从中获得好处。你不是控制不住情绪，你只是把情绪当作手段而已。

当我们明白了情绪只是一种手段，是来帮助我们满足需求的，那只需要去看我们的需求是什么，然后使用有效的方式去满足，如此就能成功为自己建立起除了使用情绪之外的方式。久而久之，用情绪解决问题的自动化行为就会弱化很多。

但是有没有可能，你只是习惯性地使用它，而它并不是你解决问题的最佳选择呢？曾经我的大儿子哭闹或者惹我生气的时候，我会转身就走。我从未觉得这有什么问题，我还因为没有对他发脾气而沾沾自喜。直到我生了弟弟，弟弟在跟哥哥互动的过程中，如果惹哥哥生气了，哥哥会转身就走，不管弟弟如何哭得死去活来。我内心极为震惊，这不就是我对待大儿子的方式吗？我是在用冷漠攻击大儿子呀，而我从未想到，这样的方式会让大儿子也学会用情绪解决问题。这也让我重新开始审视我的行为，也许不该继续使用情绪作为解决问题的手段了。

如果你喜欢看演讲、脱口秀，你会发现情绪是带动别人最好的手段。你可以用你的表达调动听众的感受和情绪状态，他们的心情跟着你的每一句话而起伏，为你高兴喝彩，也为你伤心流泪。这就是TDE演讲如此风靡全球的原因。如果拥有了好好说话的能力，就可以在不压抑自己情绪的情况下，更好地解决问题。

学会黄金说话公式，用沟通代替情绪发泄

人与人之间的沟通，70%是情绪，30%是内容。带着负面情绪的沟通，内容会被扭曲、误解。而如果没有好的情绪，说出的话不能称之为沟通，而是发泄。

我是表面看上去温柔文静的女生，但在学习心理学前的脾气非常火爆。我就像一个炸弹，很容易被点燃。在坏情绪的底色下，我

们会不知不觉地做出很多伤人的行为。我们的嘴巴可以用来做很多美好的事情，比如亲吻、享受美食，但是我们往往却把它变成了最常用的武器。无论在什么关系中，当你觉得要教训别人一顿时，可能不会先上拳头，但一定会讲出难听的话，尤其是亲密的关系。

我们的父母，我们的伴侣，我们的孩子，因为了解他们，知道他们的弱点，所以我们想要说出让他们受伤的话，简直易如反掌。我们就像射击领域的冠军一样，总是可以精准地射中靶心，让对方流血受伤，倒地不起。

在坏情绪的操控下，人会失去理智。但做过的事和说出的话，就好像泼出去的水，无论事后如何内疚自责，伤害都已经造成了。我曾经跟父母吵架的时候，说过一句让他们非常伤心的话：都是你们害得我的生活如此的痛苦！

没有哪个父母不希望孩子幸福，他们操劳一生，做牛做马，任劳任怨，为的就是子女能够过得好，虽然有时候父母做过伤害我的事，但是当这样的话从他们的子女口中说出，他们再也无力与我争执，我胜利了。

我在这一场斗争中击败了他们。但是我真的胜利了吗？看着他们受伤流泪的表情，这是我想要的吗？我何尝不是有着对爸爸妈妈深深的爱，可是为什么我会说出如此残忍的话？因为那一刻我只是想发泄我的情绪、我的不满。

为什么人在拥有坏情绪的时候更容易使用暴力？在自然界中，

很多动物都有一个特性——由恐惧引起攻击。很多野外生存的书都会告诉你，遇到蛇时不要动，如果它觉得你要伤害它，那它必定要向你发起进攻。人虽然进化成了食物链的最顶端，但仍有70%的兽性，所以自然也会因为情绪不稳定的原因，变得容易去伤害别人以获得安全感。

我开始问自己：我为什么会有这样的沟通方式？我从哪里学到的？我是否能够改变？于是我开始留意爸爸妈妈之间的沟通方式。我曾经一度因为他们经常吵架而感到很烦心，所以当他们发生冲突的时候，我要么会插手，试图让他们转移注意力；要么就是离开家出去透透气。我从没有真正仔细地观察过他们之间的对话以及他们各种隐藏在对话背后的深层需求。

比如一个平凡无奇的场景：妈妈从外面回来，刚好爸爸正要去外面倒垃圾。妈妈就伸手去拿爸爸手里的垃圾。爸爸不给妈妈，妈妈开始生气："我去倒能怎么的？"爸爸把手一挥："不用你去。""不用拉倒！"妈妈怒气冲冲地回到房间。

两个人都在为对方着想，妈妈想帮爸爸分担一点，爸爸担心垃圾会弄脏妈妈的手。但是在这个过程中，妈妈感觉到被排挤：连这点小事都不用我做，是不是嫌我做得不够好？而爸爸感到的是委屈：我任劳任怨，包揽家里的大活小活，最后却不落好。

我一直以为我跟爸爸妈妈是不一样的人，随着观察的深入，我越发觉得我们其实都一样：明明爱着对方，表达出来的却是伤害。学会用一种有效的沟通方式来代替情绪发泄，是如此的重要。

沟通问题的解决策略

负面情绪会给我们的人际关系带来冲突，冲突又会引发更多的负面情绪，从而激发更大的冲突，引发无休止的恶性循环。另一个思路是：负面情绪带来冲突，通过有效的沟通，不仅可以化解冲突，同时还能释放情绪，使得关系因为误会的消除而变得更加紧密。

如果要你来选择，你希望选第一种还是第二种？答案不言而喻，第二种一定是更好的选择。沟通的目的就是解决问题，但是我们往往使用语言用于以暴制暴——老虎不发威，你当我是病猫啊！于是在沟通中经常出现这样一些情况，让我们的负面情绪变本加厉：误解、指责、抱怨、打断、防御、选择性注意、翻旧账……

在著名的《非暴力沟通》一书中，作者马歇尔·卢森堡博士指出："沟通冲突的原因是我们忽视了各自的感受和需要，把问题的责任归咎于他人，从而在表达上造成人与人的疏远和伤害。"

沟通是一个双向的过程，如果只看到自己，就会忽略对方。你的注意力都在自己身上，你无视对方的感受和需要，你就一定会伤害对方。但是如果你只看到对方的感受和需要而忽视自己，你就会伤害你自己。

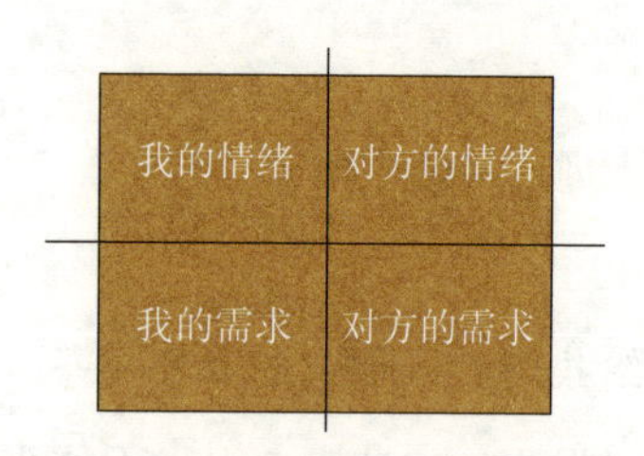

托马斯·希伯尔曾经这样形容我们与对方的关系："就如同我们向上打着手电筒，只照到自己的脸，但是当我们把手电筒向中间挪一点，就能看见对方。"当你能够把对方也纳入你的感知范围，你才能够感受到不舒服的人不只是你一个，对方其实也同你一样痛苦。如果你愿意，你可以从只对自己的关注中，扩大自己的感受范围，来思考对方的感受是什么，需要的是什么。这有助于迅速消除你跟对方之间的误会和隔阂，让你能够更容易理解对方，使得你们的关系更加和谐。

真正好的沟通是会让彼此双赢的，你会在关系中看见对方，同时也看见自己。理解自己的感受和需要，也理解对方的感受和需要。理解会带来爱，当你理解了对方，对方也会有机会深入理解你。而你们会修复对彼此的爱，并借助这样的沟通过程让自己成长为更好的人。你也会因为更加理解自己，而更加喜欢自己。

我常常听来访者说，没有办法心平气和地跟对方沟通，因为对方总是能不偏不倚地按下他的情绪引爆点，让他瞬间失控。很多时候无法沟通是因为我们不愿意，如果你带着极大的恨意去跟对方沟通，那么这场谈话必将以失败告终。

我相信你不会一天二十四小时都处于这样极端的情绪中，去找一个你稍微平静的、心情较好的时刻。如果对方是你很重要的人，他就值得你为他这么做。如果对方并不是重要的人，你也不必为此大费周章了。

在沟通之前，我们首先要搞明白无效的沟通是怎样产生的。无效沟通＝评判＋失控＋指责＋控制。比如：你一点都不在乎我！你就知道玩！你就该照我说的去做！如果你跟别人的沟通中含有这四个元素中的一个或者几个，那么这场沟通很可能演变成为一场争吵和冲突。

有效的沟通到底是在沟通些什么？在著名的《非暴力沟通》一书中，给出了这样的解释：看清事实、识别感受、发现需要、提出请求。

一是看清事实。

我们往往以为我们说的就是事实，但其实我们说的一直都是评判。事实是指当下发生的客观现实，比如孩子没有写作业，领导误解了你甚至批评了你。事实就是指：谁在何时何地做了什么。评判就厉害了，孩子不写作业，你就会认为孩子是一个不求上进的人；领导批评你，所以领导是一个吹毛求疵的人。评判的句型：谁是一个怎样的人。

为什么我们会把事实和评判搞混？因为任何事情发生之后，我们的大脑都会倾向于归类处理。想想图书馆是如何管理那么多图书的？把同类型的书贴上标签，然后放到同一排的柜子里。大脑也是如此，单纯的事实就如同没有贴上标签的图书，不知道该放在哪里。而有了标签，就可以迅速地存档，我们的大脑每秒钟要处理四千亿比特的信息（比特：二进制数字，每个0或者1就是一个比特）。你可以想象大脑繁忙的工作状态，边尖声叫喊着下一个，边把面前的信息丢到不同的陈列柜里。

你甚至可能都没有意识到，你已经悄悄给每个人贴上了标签。而当你看到这些人的时候，你看到的是你给他贴上的标签，而不是活生生的一个人。如果一个经常不写作业的孩子，突然又迅速、又工整、又正确地完成了作业，你的第一反应不是他变了，而是他可能是想找你买最新款的游戏机。因为当孩子的行为跟你贴的标签不符合时，你会选择相信标签，而不是眼前的事实。

相较于事实，评判会让人出现更多、更复杂的情绪。因为评判会生出许多的念头，念头就会携带情绪。于是你会觉得越来越无法平静。而那一刻，你早已远离了现实，进入你的想法构建出来的世界中。一个基于虚幻的沟通，又如何能够有效果呢？

《非暴力沟通》中有一段很美的诗，可以帮助你更好地理解什么叫作观察：

我从未见过愚蠢的孩子；

我见过有个孩子有时候做的事

我不理解

或不按我的吩咐做事情；

但他不是愚蠢的孩子。

请在你说他愚蠢之前，

想一想，他是个愚蠢的孩子，还是

他懂的事情与你不一样？

如果你看到一个人，看到的都是基丁他的过去给你的印象而生成的标签，你就如同闭着眼睛在看他。你心里说：我还不知道你？你就是个不负责任的人，我不用看你就知道。

这样你就失去了跟事实连接的机会，而进入了“我以为”的状态中。我以为往往是我们想象出来的，是我们头脑的创造。在这样的状况下，你又如何能够跟对方进行有效沟通呢？因为不管他说什么或者做什么，你只会认定他被你标记上的标签。如果第一步没有做到，你不给自己和对方一个真实的机会再次认识他，后面的步骤也会进行得很艰难。

二是识别感受。

我们都希望别人懂我们，理解我们。但是很不幸，没有人是我们肚子里的蛔虫。在大部分情况下，别人都不知道我们内心正在发生什么。于是你需要先识别出自己的感受，并且表达给对方，以免因为信息不对称而导致更多的痛苦和误会。

感受的误区在于是否会跟指责混淆。仔细体会一下下面两句话的不同：

我感到很生气！

我都快被你气死了！

第一种说法是描述感受，第二种说法包含着指责。

很多人说感受的时候，会容易变成一场批斗大会。因为我们很难将注意力放在自己的感受上，我们更倾向于指责别人做了什么，所以让我们觉得很痛苦。这时候我们表达的重点已经不再是自己的感受，而是：你做了很过分的事！你错了！你该千刀万剐！当对方感受到指责的时候，会本能地保护自己或者同样对对方进行回击。所以沟通就会沦为一场冲突，最后不欢而散。

但是在沟通中，识别自己的感受是非常重要的一个环节，因为这些让你不舒服的感受是你排斥的，你想让它们尽快消失，因为它们给你带来了无尽的痛苦。而我们往往为了回避这种痛苦的感受，会把注意力放在对方身上，试图找出你做了什么事让我这么痛苦。当我们把痛苦的责任归咎于对方，似乎有人一起分担了我们的痛苦，这可以让我们稍微松口气。可是只有你不带攻击和指责地表达自己的感受，对方才有可能接收到，并理解你的处境。

三是发现需要。

任何负面情绪的背后都是需要的不被满足，就如同小婴儿饿了会哭，害怕了会哭，需要换尿片了还是会哭一样。新手父母最初的时候不知道小宝宝哭闹的原因，于是就会一个一个方法的去尝试，喂奶不行就抱一抱，如果还哭就检查一下，看是不是身体哪里不舒服。

但是我们现在已经不是小宝宝了，不能继续沿用小宝宝的方式，通过不断发脾气，让别人来揣摩我们的想法和需要。我们需要的是使用成熟的方式——清楚而有效的表达，而不是默认对方什么都知道。

有时候还会出现一种情况，你只能感受到自己正处于负面情绪里，比如愤怒、悲伤，或者其他痛苦的感觉，但是不清楚自己需要的是什么。同样的，对方的负面情绪背后也一定是他的需要没有得到满足。也许你只感到被情绪所困，并不知道该如何找到自己的需要，关于如何找出需要，有个很棒的参考——马斯洛需求层次论。它由著名的人本主义心理学家亚伯拉罕·马斯洛提出。

马斯洛需求层次论初版有五个层次，自下而上呈金字塔结构。很多年后，马斯洛将这个模型完善到七个层次，为了方便大家理解，我们使用最广为人知的初版模型。

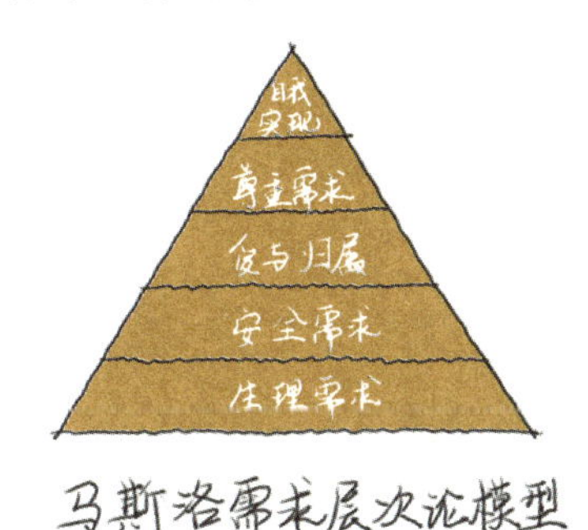

马斯洛需求层次论模型

马斯洛认为，人的一切情绪和行为都是由需要引起的，而需要系统从低到高分为：生理需要、安全需要、归属与爱的需要、尊重的需要、自我实现的需要。

首先是生理需要。

这是人活着必须满足的需要，是级别最低、最急迫的需求，如：食物、水、空气、睡眠、性。

未满足生理需要的特征：什么都不想，只想让自己活下去，思考能力、道德观明显变得脆弱。

当这个层次的需要未被满足，人会丧失理智及思考能力，甚至道德感。很多社会上骇人听闻的案件，都是因为生理需要没有办法得到满足，进而做出疯狂的、不计代价和后果的事情。比如疫情的时候，很多人因为害怕食物不够，就会拼命争抢甚至大打出手。

其次是安全需要。

安全需要包括人身安全，生活稳定。

同样属于较低层次的需求，其中包括人身安全、生活稳定、免遭痛苦或疾病、身体健康，以及有自己的财产等与自身安全感有关的事情。

缺乏安全感的特征：感到身边的事物对自己有威胁，觉得这个世界是不公平或是危险的。认为一切事物都是危险的而变得紧张、彷徨不安，认为一切事物都是“恶”的。例如：一个孩子在学校被同学欺负，受到老师不公平的对待，因而开始变得不相信社会，变得不敢表现自己，不敢拥有社交生活（因为他认为社交是危险的），借此来保护自身安全；一个成年人工作不顺利，薪水微薄，养不起家庭，因而变得自暴自弃，每天利用喝酒、吸烟来寻找短暂的安逸感。

接着是归属与爱的需要。

归属与爱常被称为“社交需求”，属于较高层次的需求，如对友谊、爱情以及隶属关系的需求。

缺乏社交需求的特征：因为没有感受到身边人的关怀，认为自己没有价值活在这个世界上。例如：一个没有受到父母关怀的青少年，认为自己在家庭中没有价值，所以在学校交朋友，很容易会跟引导他们走向不良行为的人交朋友，让自己身处危险的情境。譬如说：青少年为了让自己融入社交圈中，为别人做牛做马，甚至吸烟、恶作剧等。

再次是尊重的需要。

对尊重的需要属于较高层次的需求，如成就、名声、地位和晋升机会等，它既包括对成就或自我价值的需要，也包括他人对自己的认可与尊重。

无法满足尊重需求的特征：变得很爱面子，或是很积极地用行动来让别人认同自己，也很容易产生虚荣心。例如：利用暴力来证明自己的强悍。

最后是自我实现的需要。

自我实现的需要，是最高层次的需要，包括针对真善美至高人生境界获得的需求，因此前面四项需求都能满足，最高层次的需求方能相继产生。这是一种衍生性需求，如自我实现、发挥潜能等。

缺乏自我实现需求的特征：觉得自己的生活被空虚感包围，要自己去做一些身为一个“人”应该在这世上做的事，需要有让他能感到更充实的事物，尤其是让一个人深刻地体会到自己没有白活在这个世界上的事物；也开始认为，价值观、道德观胜过金钱、爱人、尊重和社会的偏见。例如：一个真心为了帮助他人而捐款的人；一位武术家、运动家把自己的体能练到极致，让自己成为世界一流或是单纯只为了超越自己；一位企业家，真心认为自己所经营的事业能为这社会带来价值，为了比昨天更好而工作。

这五种需要，基本涵盖了人的大部分的渴望，你可以试着去对照，当你看到哪一条，觉得内心被击中了，那么别怀疑，就是它了。一开始，你可能需要对照表格来寻找自己或者对方的需要是什么。随着你越来越了解自己，对自己的需要越来越敏感，你也会更加容易读懂别人的需要，你就可以扔掉这个表格，依赖自己的感受了。

我在治疗自己的抑郁症的过程中逐渐获得了一种能力，我可以理解大部分人的感受。当我的来访者来到我的面前，将他们的人生故事讲给我听，我能完全设身处地地体会到他们内心的种种疼痛和不安。于是我也会更加容易懂得他们是因为什么需要无法满足而导致的痛苦。

这不是什么超能力，有时候我们也很难了解对方，是因为我们都没有好好探索过自己。人的底层情感是相同的，如果你深深地懂得自己需要什么，或者因为什么而产生了负面情绪，那你也会更容易懂得别人。

四是提出请求。

中国人一般是很羞于提出自己的请求的，因为我们害怕给别人添麻烦，所以我们很少提出我们的需要。小孩子是会很坦然地向大人要东西的，我想吃这个，我想买那个。但是如果每次提出要求都被拒绝，甚至被批评，那很容易让孩子相信：我是不该提出我的需要的，而且我的需要也不会被满足。

当我们长大之后，这种想法当然不会凭空消失，只会根深蒂固地根植在我们的信念中。所以要我们向对方提出请求，很多人是难以做到的。而且我们已经不再知道应该如何正确地提出请求。因为我们担心，提出请求会破坏我们跟对方的关系。

案例：一位来访者近期的困扰是，她才买了新房，刚刚装修好，家里的一个亲戚准备去住一段时间。然而来访者的先生并不同意这个决定，觉得住几天没关系，如果常住，会打扰到自己的生活。来访者碍于面子无法跟亲戚说出自己的请求，于是这种为难的感觉变成了莫名的愤怒，明明是要跟亲戚提出可不可以少住几天的建议，结果因为没有处理好负面情绪导致说话的语气变得不耐烦，她的亲戚也因为误会而减少了跟她的来往。

首先，你是可以提出自己的想法的，每个人都有权利这样做。

如果提出请求会让你的内心觉得不安或者愧疚，则要先去处理这部分的情绪。通过情绪释放四步骤，你也许会链接到曾经你的父母会因为你提出自己的要求而严厉惩罚你的记忆。这是不安和愧疚的来源，它让你觉得，我不该这样做。但是现在你已经长大了，你不再需要继续沿用小时候的模式。像保护最重要的人那样保护自己吧，你值得受到这样的保护。

其次，提出的请求应该是具体的而非模糊的语言。

在上面的案例中，来访者没有说出具体的请求，而是用模棱两可的语言代之，当对方听得越来越糊涂的时候，来访者开始出现了“你怎么还不明白我的意思”的念头，而这个念头带来了愤怒的情绪。情绪是很容易捕捉的，于是对方会理解为：你是讨厌我的。这样两个人之间的误解就产生了。

这里有两个方法可以帮助你练习提出请求：

一是先从一些不起眼的请求开始。这些请求可以小到别人无法拒绝，如果你得到了请求被成功满足的经验，这就与你曾经坚信的想法有了区别，这就是打破自己对于请求的固化认知的开始。那么这个想法就会开始松动，接下来你会有更多的尝试，直到你不再被这个想法束缚为止。如果不尝试，你永远会活在旧有的想法中，而打破一个观念最有效的方法不是空想，而是真正地去做一次！

二是尝试自己满足自己的需求。如果你渴望爱，那你一定是一个不够爱自己的人，你可以尝试爱自己。如果你渴望关注，你一定是一个不够关注自己的人，你可以尝试去关注自己。如果你渴望赞美，那你一定是一个经常否定自己的人，你可以尝试不断地赞美自己。你需要的一切，都在告诉你，你正在做着相反的事情，如果你能因此而改变自己过去的旧习惯、旧模式，你的需要得到满足，你的痛苦情绪也会逐渐得到缓解。

在这四个步骤中，还隐藏着一个重要的影响沟通结果的秘密机关——倾听。

很多人因为压抑了太多负面的感受，当有机会倾诉的时候，会只顾着自己诉说，而忘记了倾听对方。这样的行为所表达的是：我比你更痛苦，我的感受比你更重要，我的需要得优先得到满足。如果你希望借助沟通来代替情绪，解决冲突的问题，那这样的倾听方式只会适得其反，会让这一次的沟通带来更多的冲突和负面情绪。

如何倾听？

暂时放下对对方的固有看法，也许你已经非常了解对方，你甚至知道他下一步要说什么；也许你马上会觉得对方在强词夺理，在为自己找理由，推脱责任……但是请依然提醒自己，就如同第一次认识对方一样地倾听，带着一点好奇，一点慈悲，这样你才能听见你以为你知道的之外的话语。

倾听是在构建一张链接彼此的网，你通过倾听看见对方在网上编织出了一个跟以前不同的花纹，于是你才能够全新地认识对方，抛开你给对方贴上的标签、评判，那一刻，你们的关系才有了展开的全新可能。

沟通结束之后，有一个关键的步骤。不管你们这一次沟通的结果是否如你所愿或者让你感觉到失望，如果你做了下面这一步，你将会收获到比沟通本身更有价值的，对于你自己和双方关系都更深入的洞见。它不是必选项，但是它值得你去为你们的关系这样做一次。

拿出一张纸，写下这样10个问题。找一个安静的地方，写出你的答案。没有对错，想到什么就写下什么。写到没什么可以写为止。

我想要什么？

对方想要什么？

我们之间是否存在误会？

我是否不带评判地表达了我的感受和情绪？

冲突过程或者沟通过程中的负面情绪感受，是否曾经经历过？

那个曾经发生的事情是什么？是跟谁一起？

我当时是用怎么样的方式回应的？现在是用怎样的方式回应的？

结果如何？

我是否满意这个结果？

有没有更好的办法？

在企业或者很多课程中，都非常流行复盘。我们的人生也同样需要复盘，上面的10个问题，其实就是一个完整的小复盘。这是把经历变成收获的最快速的方式，因为通过反思，这些经历才能成为你成长的阶梯，化作你人生智慧的一部分，失败不是成功之母，失败后的复盘才是。

在为来访者做咨询的时候，我也会做这件重要的事情，协助来访者去复盘自己的经历，在这个过程中看到自己的所思、所言、所行。看到自己做得很棒的部分，也看到自己可以改善的部分，这就意味着，你不需要继续沉湎于困难和痛苦中，你有了可以做的事。当我们知道自己可以做什么的时候，我们就有了新的希望。

关于沟通，最后还有几点个人经验方面的建议，也许会对你有帮助。

第一，别期望去解决所有的问题。

第二，有些问题如果当下无法解决，就先放一放。

第三，当外在问题暂时无法解决，回到内在去处理因此而产生的所有负面情绪。当你内在强大，你会获得更好的解决问题的灵感。

如果这些都不能打动你，让你愿意去尝试一下沟通，那么对方一定是让你失望透顶了。也许你可以当作只是测试一下自己新学习的沟通技能是否有用，或者当作是一次改变自己的机会。不管怎样，如果你是一个会沟通的人，你一定会更加受欢迎的对吗？这对你是百益而无一害的事情，就把对方当作是你的免费实验品吧。

用游戏的心态来对待，未尝不是一个好办法。

善用语言的力量：只说对自己有益处的话

在最近我亲身经历的一次冲突中，我深刻体会到了语言是如何变成暴力的攻击，以此来发泄自己内心的痛苦，以及带给对方痛苦的。

据不完全统计，男人一天平均说2000个词，女人一天要说7000个词。而这其中，大部分的话其实对于人生变得更好毫无帮助。

语言是思想的外化，它是我们表达思想和情感的重要方式，也是我们思想和情感的具体呈现。不要小看了语言的力量，在著名的畅销书《水知道答案》中，江本胜博士做了一项神奇的实验，他通过这个实验对水说不同的话，播放不同的音乐，拍摄到122张前所未见的水结晶的照片。神奇的是，当对水说出祝福、感谢的话，在高倍显微镜下的水呈现出非常美丽、和谐的集合形状，而对水说出咒骂、侮辱、嫌弃的话语时，水的结晶则会变得很狰狞。

也就是说，语言同样也是携带着正向或者负向能量的，而我们的身体70%由水组成，这70%的水每天得到的都是正面的信息，与每天得到的都是负面的信息，二者之间的差别或许会十分巨大。

而当我们说话的那一瞬间，最先听到的一定是我们自己。不管你说的话是出于什么目的或者意愿，只要你一直说着负面的话，你就无异于在慢性自杀。

从现在开始，选择对自己更有益处的语言吧。

如何改变自己的说话习惯呢？古人云：三思而后行。

思考这句话是真实的还是虚假的。如果是虚假的，那就不必说了。

思考这句话是善意的还是恶意的，即它是否是慈悲的。如果是恶意的，以伤人为目的的，那也不必说了。

思考这句话是有用的还是无用的，即它是否是必要的。如果是没有用的，也不必说了。

经过这样的三思，你会发现，我们很多话都大可不必说出来。因为它不会带来任何益处，一件没有任何益处的事情，根本不需要花费精力去做。

如果一定要说，那就说那些真实的、慈悲的、真正有必要的话吧。当你能够开始改变你的说话方式时，你就是在间接改变自己的思想，而当思想改变，行为就会改变，于是你的人生也会有所不同。

3. 需要尽快铲除的情绪：对内攻击型情绪

说完了对外攻击型情绪，再来聊聊“对内攻击型情绪”。

什么是对内攻击型情绪呢？如果说对外攻击型情绪的对象是别人，那么对内攻击型情绪的对象就是自己。所有你对自己的批评、不满、不喜欢，都是对内攻击型情绪。不管他人是否在旁边，这种情绪都会存在。

但是这两种情绪其实并非两种完全独立的体系，而是一种包含关系。对内攻击型情绪包含着一部分对外攻击型情绪。当你能够熟悉对外攻击型情绪，再来处理对内攻击型情绪，会更加容易以及快速。我们不得不承认，对内攻击型情绪处理起来会更加具有挑战性，但是也因为这种情绪并不需要其他人配合你来一起处理，所以可以在任何时间、任何地点去做这件事，只要你愿意。

对外攻击型情绪背后往往隐藏着对自己的攻击

在学习心理学之前，我特别讨厌小孩子。我不明白为什么小孩子会被称为天使，他们明明就是恶魔，总是无缘无故就开始大哭大闹，哄也哄不好，让所有人焦头烂额；他们还黏人，充电五分钟“活力”一整天，永远不肯一个人安安静静地玩；他们还不听管教，你让他们向东，他们偏要向西，故意跟你作对……

甚至在走路的时候遇见一个素不相识的哭闹的孩子，我都会气得牙根痒痒，恨不得跑过去狠狠教训他一顿，让他赶紧闭嘴。所有的亲戚朋友都觉得奇怪，我看起来是个心地善良的女生，为什么唯独对小孩恨之入骨？我也不知道这些恨意是从哪里来的，我讨厌每一个孩子，哪怕他们从未招惹过我。

当我开始进入心理学的学习之后，我不得不面对一个残酷的现实：我真正讨厌的不是那些孩子，而是我自己。当我闭上眼睛，链接内在的自己时，我看见内在的小孩一直蹲在黑暗的角落里哭泣。我看着她的样子，感觉不到一点爱。我只想让她赶紧停下来，不要再哭了。就如同我对待现实世界的那些孩子一样。可是她一直在哭，我该怎么办？我好讨厌这个爱哭鬼，我希望她消失就好了。

看到现实中的孩子哭，我会觉得愤怒和不安，这都是因为我的内在也有个哭泣的孩子，我不知道该如何让她停下来。我感觉到无助，我帮不了她，然后我开始变得愤怒，就好像我如果能让周围的孩子都停止哭泣，是不是就能够让我内在的小孩也不要再哭了呢？当我意识到我讨厌的不是现实世界中的孩子，而是我自己的时候，我需要做的不是避开所有的孩子们，而是疗愈我自己。

我如果对自己充满了愤怒，我又如何能够耐心地对待别人？

我如果对自己充满了不满，我又如何能够宽容地对待别人？

我如果不爱自己，我如何能够去爱其他人？当我不知道爱是一种什么感觉时，我又该如何给出爱？

我只能给出我自己已有的。我怎么对待自己，就会用相同的方式对待别人。如果我不曾善待过自己，我该如何善待他人？而那些表面上的耐心、礼貌、宽容，都是一种暂时的伪装，只是我希望自己成为的样子。而我真实的感受，是冷漠和无助。

这就是我们常说的，这个世界没有别人，只有自己。你看到的一切都是自己内在的投射。你开心的时候，全世界都充满阳光，五彩斑斓；而当你悲伤的时候，全世界都在下雨。

你对别人的所有负面情绪，都来自你的内在。如果你是一个习惯指责的人，你一定更加擅长挑剔自己；如果你习惯看到别人的缺点，那么你一定觉得自己糟糕透顶；如果你是一个愤怒的人，你也一定经常对自己发脾气；如果你是一个悲伤的人，你的内心一定寒冷得像漠河刮满寒风的冬天。

留意自身都有哪些对外攻击型情绪还有一个重要的意义，那就是可以了解你对待自己的方式。你给出的一切情绪，都早就存在于你的内心之中。就如同你要付钱买东西，前提条件是你的手机或者钱包中有足够的钱；也如同想要从水壶中倒出水来，那么水壶中一定得存储了水。

我们无法给出没有的东西，所以无论你给出什么，都意味着你有。你有爱，就会给出爱；你有善良，就会给出善良；你有愤怒，就会给出愤怒；你觉得自己不好，就会看别人都不顺眼。

有些人会说：不对，我对别人都很好，但是我对自己从未停止批判和责备。如何判断你对别人好是来自内在真实的你，还是来自你头脑中的应该？如果你的付出是带着对回报的渴望，你的付出就是有目的的，这个目的很可能是为了通过付出来换取别人对你的认可。因为你的心中对自己的批判和责备越多，你对赞美、肯定和认可的渴望就会越强烈。你只是通过付出在换取你想要的东西，而不是因为你想付出。这样的付出，都是带着卑微的委屈。因为这并不是你真正想做的事。

我见过太多这样的女人，为周围的人付出一切，但是唯独不愿意照顾自己。当她们这样做的时候，心中是渴望着回报的。如果长久没有被看到，或者没有得到回报，她们就会觉得失望。

先照顾好自己，才能更好地照顾别人。如果付出变成了一种交换，这种付出很难长久。我也曾经是一个倾向讨好别人的人，我对别人的要求都尽量满足，我会做一个好的妻子、好的母亲，我整夜抱着宝宝，哄着他、呵护他，但是当我自己口渴的时候，我都懒得去为自己倒一杯水。

那个时候我很难给出爱，我只感觉到匮乏，我其实需要别人给我很多爱。但我又觉得，我这么不可爱的人，怎么会有人爱我呢？那我只能更加努力地付出，直到有一天筋疲力尽，感到绝望，彻底觉得自己是不会被爱的人。

直到我疗愈了内在小孩的伤痛，我才开始喜欢自己。神奇的是，我也开始喜欢小孩子了。看见小孩子们撅着小嘴生气，我会由衷地生出怜爱之情。当我的内在改变了，即使外在的世界还是跟以前一样，小孩子依然吵吵闹闹，但是我的感受已经截然不同，没有了任何厌烦或者愤怒的情绪。

斩草要除根，找到对内攻击自己的情绪根源

霍金斯情绪能量表列出了以下几种负面情绪——

骄傲、愤怒、欲望、恐惧、悲伤、冷漠、内疚、羞愧。

当然，我们能体会到的负面情绪不止这几种。情绪是非常微妙的体验，比如愤怒这个类别中又会分为不同程度的愤怒，以及掺杂了其他感受的愤怒。

针对最后两种负面情绪——内疚和羞愧，霍金斯博士认为，内疚和羞愧是能量状态最低的两种情绪，很多抑郁症患者都是常年浸泡在这两种负面情绪里，无法脱身。有强烈的内疚感的人，会想去

惩罚他人，惩罚自己，甚至觉得自己遭受的所有痛苦都是“罪有应得”，一切都是自己的错，但又无力改变，从而自暴自弃。这样的情绪状态会导致很多的心身疾病，严重的还可能想要放弃生命……

这两种情绪时常相伴出现，甚至不太容易区分，都会带给我们强烈的关于自己不够好的感觉。只是羞耻带来的负面感受会强于愧疚。

曾经有人试图用颜色来形容情绪，比如悲伤是蓝色，愤怒是红色，开心是黄色，平静是绿色。如果要形容愧疚和羞耻，我想那应该是一团纯粹的黑色，就像是生命力完全丧失的样子。回想我当时患抑郁症时的状态，就是处在无尽的愧疚和羞耻中。就如同电影《被嫌弃的松子的一生中》的那句话：生而为人，我很抱歉。

所有让你感受到痛苦的负面情绪中，痛苦的程度跟其中混杂了多少愧疚和羞耻相关。如果只是单纯的愤怒，你会想喊叫，想发泄，但是加入了愧疚和羞耻之后，你会感觉自己像泄了气的皮球，不但愤怒无从发泄，还会将这个愤怒的矛头转向自己，开始不断地进行自我攻击。一旦我们开始进入自我攻击的程序，我们会觉得自己做什么都是错的。在这样的状态下，你根本无法好好地生活，好好地工作，好好地跟别人相处。你会感觉自己是一具行尸走肉，快乐只可能是别人的事，跟你无关。

当你的愧疚感跟羞耻感越强烈，你痛苦的程度就会越强烈。因为你会体会到一种深深的自责感，对自己产生无时无刻都停不下来的负面评价。你根本无法喜欢自己，好像自己就是所有痛苦和不幸的根源。可是你是否想过，为什么自己会充满愧疚和羞耻？

回想我们刚出生的时候，没有哪个婴儿生下来就觉得自己是不够好的。如果一个婴儿觉得自己不够好，他就不会敢于来到这个世界上；如果一个婴儿不喜欢自己，他就不会敢于在出生的时候就开始哇哇大哭。正是基于一种对生命本身的信任，信任自己是会被悉心照顾，被好好呵护疼爱，我们才敢于赤裸裸的、手无缚鸡之力地降生于这个世界呀。

所以我们每一个人，不管你现在对自己的评价如何，你都曾经是一个充满信任、充满自信、充满勇气的孩子。甚至哪怕在你出生的时候是带着残缺而来的，也都是如此。

曾经看过这样一个视频：一个小孩出生的时候就没有双手，然后他在两岁的时候，已经学会了熟练使用双脚喂自己吃东西。视频中的他开开心心地向大家展示他是如何用灵活的脚趾夹住小勺，舀起一勺饭送到嘴里，然后露出灿烂的微笑。他没有因为自己跟别人不一样而自卑、自暴自弃，他也没有觉得自己不够好，相反，他活得比很多人都要开心自在。

既然愧疚和羞耻感不是与生俱来的，那么它们是通过什么方式来到我们身上的呢？如果有一天，视频中的小孩开始去上幼儿园，不幸遭到了别的小朋友的嘲笑，他可能会觉得伤心。但是很快他就忘记了这件事。可随着他接触到越来越多的人，他可能会遭遇越来越多的异样的眼光，很多声音也开始不断进入他的世界：我跟别人不一样，我的身体不够健全。这就是自我否定，如果没有及时处理好这些想法，那么它们就会更加深入地演变成：我不够好，我很糟糕。如果某天妈妈因为心情不好而批评了他，或者觉得他带来了一些麻烦，那么对于一个已经建立起自己不够好的信念的孩子来说，往往是灭顶之灾。

然后愧疚感就产生了：是我不够好，所以给妈妈添麻烦了。而当我们无法解决出现的困扰时，又会叠加无力感：我没办法解决这个问题，我真是太糟糕了。到此，这个孩子就形成了愧疚感和羞耻感。这些感觉会一直陪伴他，让他害怕犯错，让他在面临选择的时候只敢选择最安全的选项，让他失去勇气，让他不敢争取自己想要的，让他充满自责，让他放弃人生的更多可能，直到他意识到这一切不是他的错。

在每个人的成长过程中，其实都会经历很多觉得自己不够好的时刻。刚出生的婴儿，会得到精心的照顾，抚养者也不会有什么期待，只希望孩子平安健康地成长。到两岁的时候，孩子开始喜欢说不。这时候父母会觉得无比头疼，孩子变得难以管教，以前可爱的小天使不见了。于是对孩子的批评开始增加，最开始孩子可能还无法理解你批评他的话的含义，但是当孩子看到你瞪圆的眼睛、失望的表情时，孩子感受到了恐惧，似乎有不好的事情发生。这时候孩子还没有建立起一个因果关系的连接，他也并不知道是因为他刚刚坚持不想洗手，还是想要光着屁股跑出去才导致了刚才妈妈那样的表情。

随着他每一次坚持自己的想法时，都看见妈妈失望的表情或者愤怒的声音，他就会逐渐开始认为：是我做了什么不够好的事情，所以妈妈才会不开心。但是孩子没有能力区分，其实是因为他的行为导致了妈妈生气，而不是他这个人。孩子只会觉得“是我不够好”，这就种下了最初关于愧疚的种子。

随着慢慢长大，我们会受到父母越来越多的批评。很多观念认为孩子不会记得这些事，但是我们的潜意识会像海绵一样吸收我们看到、听到、感受到的一切，并全部印刻在我们的内在世界中。

我的小儿子最近因为尿裤子的事被我爸爸打了几次。虽然打得不疼，但是我能明显感觉到孩子对如厕这件事产生了恐惧和抗拒。当我们经常因为做了某件事或者没做某件事而受到惩罚的时候，我们就会产生愧疚感，觉得都是自己的错。

愧疚感和羞耻感的产生是跟惩罚相关的。因为在我们的意识中，只有不好的人才会受到惩罚。当我们受到了惩罚，尤其是来自我们最亲密的爸爸妈妈，我们会很自然地联想到——我们是不值得被爱的。

在每个人的成长过程中，我们都或多或少受到过惩罚。

并不是只有批评、打骂才算作惩罚。比如在中学的一次模拟考试中，因为我成绩不够理想，我的妈妈一个月都板着脸，一句话都不跟我说，任凭我怎么叫她，她都如同听不见一般，仿佛我并不存在。

在这一个月里，我每天都小心翼翼，担惊受怕地看着妈妈的脸。我想尽办法地讨好她，试图换得她看我的一个眼神。但是我都失败了。我体会到了巨大的不被回应的恐惧，就像被扔到无尽的黑暗之中，叫天天不应，叫地地不灵。这个经历让我在以后的关系中，每当对方没有及时回复我，我的第一个反应就是：对方已经讨厌我了。

经常遭受惩罚的人，往往会产生一个信念：我很糟糕，我什么都做不好，我不值得被爱。而为了避免惩罚，他会特别害怕犯错，因为犯错是跟受到惩罚直接相关的。往往充满愧疚感和羞耻感的人，都是一些内心善良的人，但是这些善良的人往往也是活得小心翼翼、谨小慎微的人。

他们常常想做正确的事、对的事、有好的结果的事。而一旦生活中发生了不够理想的事，他们的心中就会瞬间弹出这样的等式：不好的结果＝受到惩罚＝我做错了＝我不够好。然后巨大的痛苦情绪就会如海浪一般涌来，将他们淹没。他们很难有力气挣脱，因为已经放弃了挣扎。

一个觉得自己不够好的人，又会有多大的求生欲望呢？

真的是你不够好吗？还是这只是正在操控你的一个想法？

你能够回想起父母小时候打骂你、批评你的情景吗？也许你说“我已经记不清了”，记忆可以遗忘，但是伤害一直停留在那里。是从什么时候，你从父母对你的责骂、批评中，开始觉得自己不够好的？一定有一些事非常深远地影响着你，只是你不愿意再提起。

每个人生下来都是一张白纸，这张白纸最初是由我们的父母在上面描绘一些图景，我们一直看着这些白纸上的内容，等到我们有能力拿起画笔，在自己的纸上绘画的时候，我们画出的都是我们一直看见的那些东西。

我小时候因为没有钱买文具，会去捡别人不要的笔来使用。当我有了孩子，我不想让他再感受这种匮乏感，基本满足他绝大部分对物质的需求。直到有一天，我的大儿子问我："妈妈，为什么会有些人买不起一个本子？拿钱去买就行了呀！"对于我而言，我不知道可以自由地拥有文具是一种什么样的感受；对于我儿子而言，他也无法理解买不起文具是什么样的感受。

每个人在6岁之前都处于吸收性心智阶段，我们的意识像海绵一样，贪婪地吸收周围的一切。这就是一个人如何开始建立他自己对世界的认知，而这些认知的基础，就是你的父母以及父母为你创设的环境。

父母对你说的那些话，就像是一个个程序，安装在你的潜意识中，暗中影响着你的一生。

小时候，我的妈妈总是说我"你啥也不是，这点小事都做不好"。神奇的是，当我长大之后，尽管不断努力，也取得了一些不错的成绩，但是我在自己的心中，一直是个失败者。不管别人怎么夸我，我都觉得那是礼貌性的客套话而已。

直到2019年，我开了五年的几家甜品店最后因为经营不善而关门大吉，我把自己关在家里长达半年，每天就处在因为失败而产生的极度自责和羞耻当中。我觉得我的妈妈真是个先知，她说得对，我什么都做不好。

等等，是她预言了我的人生吗？还是因为我相信了我的人生什么都不好，所以才会一直陷入失败中？我有没有可能打破这个循环？我们的人生到底是由什么来决定的？我们是否还能够拥有自主权？带着这样的思考，我渴望开始全新的尝试。

有时候，人在低谷的时候，反而是你“翻转”自己的机会。反正已经这么失败了，再多失败一点又能怎样？无产主义者失去的只会是锁链。我跟自己说：我不要再过这样失败的人生，我必须要为自己找条出路。

于是，我做了这样一件非常重要的事。

首先为自己画像。这里说的画像不是真的绘画，而是深入地了解自己，详细描绘出自己的特点。可以写下所有让我们记忆深刻的事情，以及在这些事情中我们对自己的评价。

然后为父母画像。写下发生在父母身上的让自己记忆深刻的事情，以及你对他们的评价，也就是你觉得他们是怎样的人。

接着去找其中重合的部分。这就是你从父母身上承接过来的特质。这里面一定有让你受益终生的品质，也会有让你遭遇坎坷、一路不停栽跟头很想摆脱的特质。

现在，你有了选择：是要继续保留这些特质，还是把它们归还给父母？

把不想要的特质归还给父母的练习方法：

首先选择一个可以自己独处的空间，闭上眼睛，通过深呼吸让自己放松下来。

深入内在世界，感受到自己站在父母的面前，先对父母深深地鞠躬，感谢他们养育了你。不管他们曾经做了什么让你感觉到伤心的事情，单凭将你带到这个世界上，就已经足够感恩了。

然后对父母说：亲爱的爸爸妈妈，谢谢你们。我尊重你们的命运，我也会有我的命运，我现在把不属于我命运的这部分信念归还给你们。我想活出我自己的人生。

接着去感受你跟父母的链接，感受你对他们的爱，也感受你对自己的爱。

最后对父母鞠躬，跟他们表达感谢，然后离开想象的世界，回到现实中。

这是我在海灵格老师的工作坊中学到的方法，也是我第一次清楚地看到，我们的人生一直由我们成长过程中被植入的所有信念决定着，同时我们也一直背负着父母和祖辈对人生的信念。如果我们想活出自己的人生，就必须清理掉旧的情绪模式和行为，建立属于我们自己的全新信念和情绪模式。

情绪是台时光机，通过疗愈过去，可以改变未来

如果画一个时间轴，中间画一个点表示现在，往左边是过去，往右边是未来，串联起它们的这条线就是情绪。

当你跟伴侣吵架，你看到的不是站在你面前的伴侣，而是你们过去几年、十几年中发生的不愉快。情绪这台时光机会瞬间带你穿越回过去，看到所有不开心的瞬间，让那些储存在过去的悲伤、愤怒、失望全部呈现在你面前。

所以你要应对的不是现在，而是庞大的过去。你的肩上一直背负着一个巨大的行囊，里面装满了所有过去累积的伤痛。现在发生的不愉快，让你跟过去相连，帮助你看到生命中未完成的课题，那些等待你看到和修复的伤口，那些等待你清扫的垃圾，那些等待你照亮的阴影。

如果你并没有意识到现在发生的一切不是要伤害你，而是为了帮助你从过去中释放出来，蜕变成全新的自己，那么你就会抗拒这一切的发生，你想不通这些狗血的剧情为什么会发生在自己的身上。别人的生活光鲜亮丽，唯独自己的生活一地鸡毛，你会觉得苍天辜负了你。

如果你现在过得很糟糕，感情不顺，事业失败，你希望未来会有所不同吗？那你是否想过，你应该做什么让未来有所不同？答案就在当下，你用什么样的态度去应对每一件事的发生。

当我在写这本书的过程中，我自己的生活发生了一件无比狗血的事情，连电视剧都不敢这么拍。我也抗拒过，不愿意接受这样的事情，我也在痛苦的时候哭着质问上天，凭什么这样对我。而当我冷静下来，用更长的时间线来看待这些事情，我在时间轴上填入了现在发生的事，它带给我的感觉分别是悲伤、无力、无助、绝望。

我又在时间轴上填入了小时候陪伴我很久很久的感觉：依然是悲伤、无力、无助和绝望。这个发现让我非常惊讶，看似是现在发生的事情，叠加的却是我童年的感受。

在不知不觉中，情绪这台时光机早已经带我穿越回了过去，在我没有意识到的情况下停靠在了童年的站点。而我需要做的其实是去面对童年时没有办法面对的，没有办法解决的，不知道怎么处理的，以为熬过去就好了的那些痛苦的感受。它们带着童年的我一起被封印在了过去，而我现在经历的与童年那么相似的感受，不过是小时候的我透过现在的事情在向我呼救。

如果我没有觉察到这一点，那么不光我的现在是过去的重复，我的未来也是现在的重复。这意味着，我们的一生，都会困在童年写下的那些剧本中，一生反反复复，像一个无法打破的魔咒。

我们不光会重复小时候的感受，还会重复小时候的情绪应对模式和行为。当时我做了两件事。第一件事是逃避，想办法躲开这些感觉，避免让自己长期处于绝望之中。第二件事是转移，我尽可能地努力学习并告诉自己，考上大学是我唯一的出路。

但是，假如现在的我依然使用逃避和转移，那我就失去了一次疗愈和解放童年的自己的机会。尽管我经历着跟小时候一样的感受，但是现在我已经长大了，作为一个成年人，我是有力量处理在小时候看来难于上青天的事情的。好消息是，明白这一点之后，我们就可以做点什么来改变了。

我为自己设计了下面的步骤：

写下自己现在的感受。

写下自己曾经在什么时候有过类似的感受，那时候发生了什么？

小时候使用的情绪应对模式和行为是什么？

现在使用的情绪应对方式和行为是什么？

我的目标是什么？

现在的情绪应对方式和行为是否能够达到我的目标？

如果不能，我该怎么做？

以下是我的回答：

写下自己现在的感受。

恐惧、悲伤、无助、不安、绝望、内疚。

写下自己曾经在什么时候有过类似的感受，那时候发生了什么？

在童年的时候，做了错误的事情或者不够好的事情。

小时候使用的情绪应对模式和行为是什么？

逃避感受：抗拒这些痛苦的感觉，但是又没法摆脱，于是陷入更大的恐慌中。

依赖：想找到可以拯救我的人、事、物。因为认识的人很少，所以我通过进入音乐和漫画的世界让自己稍微好受一点，还要提防被家长发现。

现在使用的情绪应对方式和行为是什么？

逃避：为什么是我？我不想经历这些痛苦，这样的日子什么时候才能结束？

我的目标是什么？

有目标和有意义的幸福生活。

现在的情绪应对方式和行为是否能够达到我的目标？

不能。

如果不能，我该怎么做？

心理层面：通过情绪释放四步骤（承认情绪、接纳情绪、感受情绪、理解情绪）来跟过去的自己对话，疗愈过去的自己，进而疗愈现在的自己。

现实层面：让瘫倒在地上的自己爬起来，把自己穿越生命的困难的过程记录下来，让这份力量帮助更多的人。

任何让我们排斥和反感的事情，一定是它触碰到了我们内在不愿意去触碰的东西。而这种让你厌恶和逃避的感受就是在告诉你，你要去你的内在看一下，那里发生了什么。就如同家中有一个角落一直疏于打扫，有一天从那里散发出难闻的气味，就是在提醒你，那里需要你去清理了。

如果你能用这样的角度去理解你所遭遇的事情以及它所带来的情绪，那你就是在用动态的、发展的方式来对待生命，你的生命会一直保持鲜活的动力，就如同一朵盛开的鲜花。鲜花吸引人是因为在它们展示出来的生命状态里，会经历各种阶段：从含苞待放，到慢慢盛开，直到最后枯萎凋零，这就是一个生命在完整地呈现自己的过程。如果只想要盛开的样子，那么或许只有干花或者塑料花才能做到，但是蜜蜂却永远不会光顾它们。真正的生命状态，意味着每一刻都是鲜活的。

当你能够理解情绪是如何带着我们不断地在过去穿梭，那就全身心地投入当下的情绪感受中。最大的阻碍不是那些难以解决的问题、恼人的困难，而是我们抵触的心态在阻碍所有生命经历的发生。

把痛苦当作养分，它会滋养你的生命。

把痛苦当作敌人，它会毁了你的生活。

就像一个打开的水龙头，你无法关掉阀门，于是你想尽办法用手堵住出水口。然而你很快会发现，你不但堵不住水流淌出来的趋势，搞不好还会让水从缝隙中喷溅出来，淋湿自己。试着对生活保持开放的心态吧，不管发生了什么，试着接受现实，释放情绪，整合过去的阴影，然后开始全新的行动。

新的未来已经在前方等你，当你能够敢于直面生活的挑战和难题，你也会在这个过程中被给予灵感和力量。接受现实不是认命，而是清醒地看到除了重复过去，我们还能够做什么。否则所有的精力都会用来内耗，而不是用来自我成长。

向过去的自己借方法，向未来的自己借力量

过去的自己并非一直都是弱小的，你的过去也发生过很多在当时看来好似山崩地陷一样的困难，但是你已经忘记自己是怎么过来的。这些都是你可以使用的资源和能力，别浪费了它们。

我在36岁的时候，发现了一封26岁的我写给未来自己的一封信。我告诉自己：人生很难，但是不管怎样，不要放弃希望，并请一直保持善良。读到这封信的时候，我的眼泪忍不住一直往下掉，就好像过去的那个自己预见了未来一样，而这封信，给了我很大的力量，我也带着过去的自己对未来的期待，更好地生活下去。

我想把这个很棒的方法推荐给你。假设你回到你更年轻的时候，如果想给现在的你写一封信，那封信会是什么？你可以选择任何一个时间点，把你对未来的期待告诉自己。不管你现在对自己是什么态度，是喜欢还是讨厌，甚至觉得自己一无是处，请暂时放弃

这些评判和想法。

我们已经跟自己失联太久了，我们把目光都放在外在的关系中，我们努力处理跟父母、伴侣、孩子、朋友、同事的关系，唯独忘记转个身，看看自己。而这样一个跟过去的自己链接 的过程，会给你带来跟多意想不到的感动和启发。

你也许会明白自己一直不开心的原因，你也许会看到被遗弃的梦想，你也许会看到这并不是你想要的生活。别害怕面对真实的自己，试着对生命有一点全新的探索，是帮助你突破困境的重要方法。

试想有一个四方的盒子，盒子代表着你痛苦不安的生活现状，里面装着你所有感受到的负面情绪。当你面对这些负面情绪不再本能地害怕和逃避的时候，这些情绪就可以成为你打破困境的重要武器。

你还可以向未来的自己借力量。你想象过未来的自己吗？你想象过当你的梦想实现的时候，你是一个什么样的状态，变成了什么样的人吗？我相信那是一个闪闪发光的、非常有力量的你。也许你并不敢想象一个闪闪发光的未来的自己，因为你并不相信自己的未来可以多么美好。但是未来是有无数种可能的，你只需要想象一个你最渴望的版本，有什么好怕的呢？重要的是，不管你想象得多美好，它都是免费的。

如果你实在无法想象出未来的自己，你可以想象一个你最崇拜的偶像。如果他在你的面前，他看到你目前面临的困难，会对你说什么？会给你什么建议？

拿一张纸，自由地写下来吧。这是你最自由的时刻，你可以写出任何你的疑问、困惑，你的痛苦，你的不满，你的抱怨，你无法跟别人倾诉的事情。然后向未来的你或者你崇拜的偶像要答案。

有时候答案并不是以一种传统的我们熟知的答案的方式呈现，它甚至可能以一些负面的声音、感受出现，没关系，这些都是信息。我们已经学习过如何将负面情绪和感受转换成信息，所以这个部分，我相信已经难不倒你了。

我们每个人都有内在的智慧，这个智慧是我们生活、工作的基础，是我们创造的源泉，也是我们的勇气和动力。但是要使用这个智慧，需要你去跟内在有更深的链接。而把这个智慧用一个形象具体化是一个很有效的方法，这个形象就是你渴望变成的自己的样子。那样的你满载着你的美好祝福和期待，所以不用理会你是否相信那就是你未来的样子，你需要的只是去链接你心中的那份期望和美好，并且让那份美好为你带来答案和智慧。

我们人生的答案都在自己心中，外面的人，不管是多么厉害的老师，能给你的也只是启发，或者一根点燃你内心烛光的火柴。即使你觉得内心被点亮了，那也是因为蜡烛已经在你的心中。

具体操作步骤：

准备白纸、笔、眼罩（没有也没关系）、让你感觉舒服放松的轻音乐。

戴上眼罩，打开音乐（如果有的话）。

盲写你所有的痛苦、不安和疑惑，任何你渴望答案但是却得不到的事情。

放轻松，留意你脑海中的声音，记录下任何你听到的声音。

有时候答案不是立刻就出现的，没关系，允许一切的发生。

回到内在的旅程就是不断探索自己的过程，每一个方法都是为了更加深入地链接自己，如果你学会了跟过去的自己借经验，跟未来的自己借力量，那么你已经有足够的智慧去解决生活中遇到的大部分困难了。

带来毁灭式负面情绪的四种自我攻击

当我们感觉到负面情绪带来的痛苦时，如果你仔细留意观察，会发现情绪并不是我们痛苦的根本原因，情绪只是一个呈现的结果。而导致痛苦的原因是我们充满了想象力和创造力的思维，只不过这些想象力和创造力用错了方向。

你是一个脑海中反复播放灾难片的人吗？这个问题有点奇怪，谁会在脑海中反复播放灾难片呢？我以前特别不理解我的妈妈对我的担心，直到我成了一个母亲，我也开启了担心模式。孩子打喷嚏了，我就会担心是不是着凉了，会不会感冒发烧？孩子不想吃饭，我就会担心是不是哪里不舒服，要不要送医院？甚至连孩子去外面玩回来没有洗手，我都会脑补出一系列可怕的后果，一个细菌如何从孩子的手上被吃进嘴巴里，以及如何在孩子的身体里造成一场灾难……几乎每个人都不同程度地活在让自己充满恐惧的想法中，而这些想法也不断构成一些可怕的画面，让我们不得安宁。

更别说孩子真正生病的时候了，我焦虑地在孩子身边守着，整夜无法入睡，内心痛苦而煎熬，恨不得生病的是我，受罪的也是我。但奇怪的是，我们都知道生病是一件很正常的事，现在的医疗条件和医疗技术足够治愈大部分疾病，为什么我们还会那么担心？

在一次孩子生病的时候，我控制不止内心的痛苦放声大哭，但因为同时知道自己这样的行为并不符合理智，于是我问了自己一个问题：我为什么这么害怕孩子生病？一个声音出现，重重地击打在我的心上：因为孩子生病，就说明我不是一个合格的母亲，没有照顾好我的孩子啊。

在心理学中有一个非常重要的情绪ABC理论，由著名心理学家阿尔伯特·艾利斯提出。情绪ABC理论认为我们的情绪C其实与发生的事件A无直接关系，而是与我们如何看待这件事B有关。我们看待事情的方式和角度，就是我们的思维方式。我们常常有的想法、信念、意识，其实都代表了同样的意思。

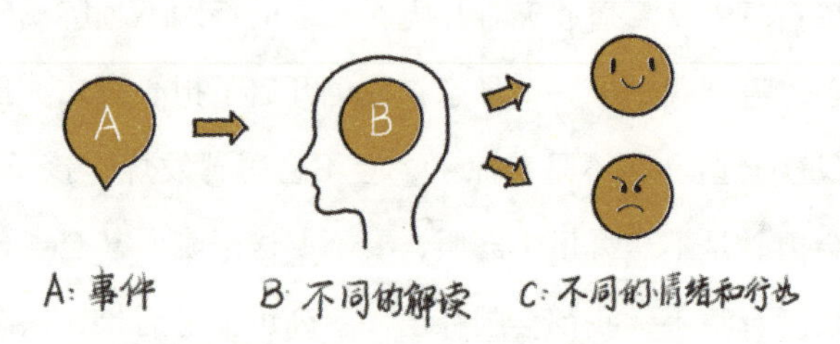

孩子生病并不是我痛苦的根本原因，是我把我的个人价值捆绑

到了孩子的身上，我把孩子当作我个人价值的证明。如果孩子好，就证明我是优秀的；如果孩子有什么问题，就证明我很失败。而这样的因果关系一旦建立，就会直接影响我们的判断。我们甚至很少会理智冷静地思考这些奇怪的因果关系，而任由它操控我们的人生。

你可以检视一下，你的脑海中，是否也有“灾难片”在循环播放？有些人可能不是关于孩子的“灾难片”，而是关于金钱的，比如怕自己一夜之间贫困潦倒；或是关于感情的，比如害怕伴侣会变心，于是拼命查手机，随时想知道伴侣的行踪，跟谁在一起、在做什么……因为害怕那样一个坏的结果，所以每天担惊受怕，没有一刻是放松的。但如果朋友能够看到你脑海中正在播放的“小电影”，他一定会觉得无法理解，明明没有发生的事情，为什么你却一直在担心，一直在焦虑，一直在害怕？

不同的思维方式会催生出不同的情绪，就如同桌子上有半杯水，积极乐观的人会觉得很开心，至少还有半杯水；而消极悲观的人会认为：太可悲了，只剩下半杯水，喝完就没有了。只要消极的思维方式还在，就会产生负面的想法，而负面的想法就会带来更多负面的情绪。如果不及时地释放情绪，那么情绪和想法就会一层一层反复叠加，变成洋葱，辣得你控制不住地流泪。

思维的作用是解决问题，找到合理的原因来解释自己的处境和遭遇。但是思维解决问题的方式往往是建立在我们已有的认知层面之上。也就是说，我们创造问题和解决问题，使用的都是同一套逻辑系统。思维最需要的是圆满自己的假设，因为什么情况，所以发生了这样的结果。只有这样，思维才会认为自己解决了问题。

有些思维中的因果关系是建立在我们的经验之上的，比如天阴了，就可能会下雨。但也只是可能，在自然界中没有完全绝对的因果。但是在我们的信念中，却因为恐惧，会把无数不相关的信息捆绑在一起，变成了一个方程式。比如我曾经觉得"孩子生病=我不是一个好妈妈"。这样的因果关系是禁不起推敲的，但是却会对我的人生造成不可估量的负面影响，让我开始不断地攻击自己、批评自己，让我感觉自己很失败，失去价值感。

这样一些因果关系，对于我们的人生是具有毁灭性的。就像蜂巢中的蚁后，源源不断地繁殖出新的蚂蚁，并且控制着蚂蚁群体的行为。你也会不断产生新的困扰你的想法。这四种因果关系，是必须要去除的：因为……所以他不爱我；因为……所以我不重要；因为……所以我不够好；因为……所以都是我的错。

如果你是一个擅长自我攻击的人，任何事情你都可以拿来攻击自己。别人说你不好，就是你不好；事情没有做好，就是你不好；别人不开心，就是你不好；别人比你好，也是你不好。

你可以去检验一下你是否隐藏着这些毒害自己的想法。

曾经看过一个非常震撼人心的小故事：一个女人离婚了，过程很艰辛，让她伤痕累累。后来好不容易走出婚姻的阴影，她鼓起勇气准备参加相亲，开始全新的生活。她为了准备约会还特意好好打扮了自己。没想到刚见到相亲对象，对方就露出失望的表情，十分钟之后，相亲的对象就找理由离开了。

女人受到了巨大的伤害，哭着打电话给好朋友寻求安慰。朋友却说：“那你还想怎么样？你又胖又无趣，谁会想跟你约会呢？”你一定觉得这个朋友实在绝情，简直没有人性对吗？如果我告诉你，我们每天都在做着这样绝情的事情，你会相信吗？

其实这个朋友就是我们自己。当我们受到挫折、伤害时，我们内在会有一个声音跳出来更加不堪地指责我们自己，嘲笑我们自己：我为什么这么丑？我为什么这么胖？我为什么这么没出息？我为什么这么没用？我为什么这么失败？我为什么这么懒？我为什么这么蠢？我为什么搞砸了一切？

如果你仔细留意，我们几乎每时每刻都在批评自己，揭开自己的伤疤，拿着鞭子抽打自己。我要是不这样做就好了，我们要是再完美一点就好了，我们在经历了现实给我们沉重的一击之后，还觉得伤口不够深，拼命再补上几刀。

我们常常希望别人来安慰自己，给我们关爱，告诉我们犯错了没有关系。但是我们却很难这样对自己，因为我们才是伤害自己最深的那个人。没有人能够打倒你，除非你先打倒你自己。在霍金斯情绪能量等级表中，最负面的情绪就是内疚和羞愧。这样的情绪会让人体验到极度的无助和痛苦，这也就是抑郁症会导致一些人选择轻生的重要原因，因为抑郁的人，从来都不喜欢自己。不喜欢自己的人，看待事情的方式和角度往往都会从自我攻击开始。

如果你也有这样的想法，从今天起，把它们连根拔起吧。因为它们除了摧毁你的人生、摧毁你的自信之外，没有任何用处。如果你一直抱着这些想法不放，你一定要去问一下自己：我这样做对自己有什么好处？为什么我会坚持做一件对自己没有好处的事情呢？

当我们遇到困境的时候，从问题的层面来思考，会发现两个层面的原因：

一是对方的问题，二是自己的问题。

如果是对方的问题，那么我们会试图帮助对方解决问题，但是我们都知道，想改变别人简直比登天还难，那就代表了自己对这个现状其实是无能为力的。比如一个孩子从小经常被爸爸打骂，孩子会觉得很委屈、难过、无助。孩子最开始可能会觉得是爸爸心情不好导致的，于是孩子会去讨好爸爸，但是这并不能改变爸爸的坏脾气和教养方式。

接下来，孩子很容易会进入下一个层面的归因：这是我的问题。一定是我不够好，是我没有能力让爸爸开心。一旦人开始觉得自己有问题的时候，就意味着自我价值感的丧失。自我价值感的丧失，会让我们觉得自己活该深陷于痛苦中，不配得到关心和爱护。

看似我们可以为自己的遭遇找到一种还算合理的解释，但是这样的想法并没有真正地解决问题，反而带来了更多的负面情绪和伤害。我曾经在解决问题的时候深挖原生家庭的问题，我发现自身问题可以追溯到父母的身上，但是父母的问题又会追溯到祖父母的身上。如果每一代人的问题都来自于自己的祖辈，那是不是要追究到山顶洞人？

这让我看到，问题的背后永远有无尽的问题等待发掘，如果使用解决问题的模式来解决我们的人生问题，那就意味着要跟问题永无止境地纠缠下去。爱因斯坦曾经说过，我们无法在制造问题的层面解决问题。

到此，你已经明白了当我们遭遇了一个事情，如果没有一个有效的思维模式，那么一个负向的思维模式会带来更多的问题，让你正在经历的困境变得更加凌乱不堪。一个朋友正在经历一场感情危机，她无法相信对方为什么会突然变得冷淡，最后她找到的答案是自己不够好，没有吸引力。于是她变得悲观失望，自暴自弃。然而在我们眼中，她一直是一个温柔善良、魅力四射的女孩。这就意味着，她的思维方式并没有真正帮助她脱离困境，因为她找到答案之后的状态，变得比之前更差了。

虽然这样的想法非常负面，不会为我们带来任何的益处，但是对于思维来说，能够形成一个完整的闭合，能够自圆其说才是最重要的。

不要过分相信你的想法，思维方式是一种惯性，它跟我们的成长环境息息相关。如果你习惯了用一种负向的思维方式理解世界，那么你看待问题的视角就是负面的；如果你习惯使用正向的思维方式理解世界，那么你看待问题的视角就会更加积极。

而思维方式并不是一成不变的，它就像跷跷板的两端，有时候负向的思维方式占上风，有时候则是止向的思维方式会带你寻找新的出路。如果你此刻的思维方式并不能帮助到你，有一个重要的方法，那就是切断它。

任何对于我们人生没有益处的东西，都不应该让它们继续停留在我们的生活中，不管是腐烂的食物、过期的爱情，还是不合时宜的思维方式。

切断思维方式最简单的方法就是强迫自己去做一些跟现在做的不同的事。比如你可能正窝在沙发上默默流泪，那么就把自己从沙发上拖下来，然后去跑步吧。跑步带来的益处，不只是中断这些没完没了的想法这么简单。在跑步的过程中，身体会释放内啡肽和血清素。内啡肽是大脑的天然止痛剂，可以减少压力，增加快乐的感觉。血清素则是情绪的稳定剂，可以改善睡眠，减少焦虑，增加幸福感。

如果想要深入修改我们的思维方式，我非常推荐拜伦·凯蒂的《一念之转》。它通过四个神奇的问句来让我们更加清晰和彻底地反思我们的想法到底对我们的人生起着什么作用，就像你在挑选食材的时候，你肯定不会购买那些不新鲜的水果蔬菜和过期的食物。那些对我们的心灵没有好处的思维方式，是不是也该整理出来打包扔掉呢？

《一念之转》中可以帮助我们转念的四个问句分别是：

这是真的吗？

你能保证它一定是真的吗？

当你相信这个念头时，你是如何反应的？你的生活中发生了什么？

没有那个念头时，你会是谁？

生活中的一切都可以套用这四个问句，这是一个跟我们的思维博弈的过程。有一段拜伦·凯蒂与奥普拉的对谈，非常细致地展示了这四句话的用法。

拜伦·凯蒂：你是怎么看待自己的身体的？哪些想法让你感觉到压力？

奥普拉：我希望它是10码而不是14码。

拜伦·凯蒂：你认为你的身材太胖了是吗？

奥普拉：是的。

拜伦·凯蒂：你的身材太胖了，那是真的吗？

奥普拉：（尴尬地调整了一下坐姿）是的。

拜伦·凯蒂：你的身材太胖了，你能绝对肯定那是真的吗？

奥普拉：（深思了很久，缓慢地给出答案）不。我不能绝对确定我的身材太胖了的原因是它为我工作着，而且它正常运转着。

拜伦·凯蒂：当你相信这个念头的时候，你是怎样生活的？

奥普拉：我觉得我应该做得更好……

拜伦·凯蒂：于是你的大脑开始出现一些画面，让你将你的身材与10码的身材或者8码的身材进行比较，你会观察别人，然后跟他们进行比较。然后你相信了你的想法“我太胖了”。

奥普拉：是的，我真的受够了。

拜伦·凯蒂：当你带着这个想法，你会因为焦虑而吃得更多，然后你会更加批判这个身体，与无辜的身体开战。而当你没有这个想法的时候，你会怎么样？

奥普拉：当我没有我很胖的想法的时候，我会变得很快乐，我会在早上走进我的衣橱，穿好衣服，而不用考虑哪件衣服才适合我。我不会再把身材当作自己的困扰，有精力去做更多想做的事。

拜伦·凯蒂：难道那不正是你想要的东西吗？这不正是当你拥有10码或者8码身材时想要的东西吗？

奥普拉：（充满感动的）是啊！

拜伦·凯蒂：所以只要注意到，有这些想法就会有压力，没有了这些想法，就会快乐。如此，身材怎么会成为问题呢？

奥普拉：我的身材不是问题，我怎么看待它才是问题。

拜伦·凯蒂：找一个“我的身材不算太胖”相关的例子吧。

奥普拉：我的身材不算太胖，因为它对我非常有用。它能让我每天起床，过好每一天的生活，在一个重要的平台上对着世界说话。

拜伦·凯蒂：你的身材不算太胖，它在此时此刻是适合你的，但是不代表你不可以变瘦。你只需要处理一件事，就是此时此刻你选择把什么放入嘴巴里吃掉，然后你会关注你吃了什么，或者没吃什么，当你对你的行为保持觉知，你就会保持着最适合你的想法，以及身材。

当我的想法带我钻进了死胡同的时候，我也非常喜欢使用“一念之转”来处理。

比如我曾经有个非常顽固不化但是又可笑至极的想法。搭载的出租车如果不小心跟别的车发生刮碰，我会觉得一定是我的错。如果我没有乘坐这辆车，那司机就不会走这条路线，也不会发生事故。下面就是我使用“一念之转”处理问题的过程：

第一个问句：那是真的吗？

我的回答是：是的。

第二个问句：你能肯定那是真的吗？

我开始动摇，怀疑。如果我肯定这个想法，就意味着任何一辆出租车载我，都会发生刮碰，这明显很荒谬。所以这应该是那个出租车司机的问题，而不是我的错。

第三个问句：当你持有那个想法的时候，你会如何反应？

我的回答：我感觉内疚、不安，似乎因为我的坏运气而连累了司机。

第四个问句：当你没有那个想法时，你是怎样的人？

我的回答：我会替司机担心，但是我不再会觉得那是我的错。

到此，我突然释然了，感觉无比地轻松，因为我不用再背负着那些沉重的责任。当我翻转了自己的信念，那些自我攻击的负面情绪也随之消失了。

由于篇幅的关系，我们没法讲解太多“一念之转”的应用，非常建议大家去读一下原著。“一念之转”的方法展示了什么叫作从问题的层面跳入事实的层面。一旦进入事实的层面，我们就开始进入了有效解决问题的步骤。而在问题层面，要处理的是我们各种纷乱嘈杂的想法，让它们平息下来，然后我们才能明白，我们可以做的是什么。

练习：根据你目前遇到的困难或者挑战，找出一个对你有重要影响的负向思维模式，使用“一念之转”的四句话进行翻转吧。

我的想法是：________________________________

这是真的吗？

你能保证它一定是真的吗？

当你相信这个念头时，你是如何反应的？你的生活中发生了什么？

没有那个念头时，你会是谁？

找一个跟你的想法相反的例子。

如果你暂时还不能顺利翻转自己的信念，你可以先练习去找到自己的信念中有哪些对应的因果关系，把它们找出来，仔细审视是否符合正常的逻辑。如果你分辨不出来，就去找朋友帮你参谋一下。旁观者清，朋友可以很容易看出这些因果关系的破绽。

抗衡内在攻击的有效工具：提升自我价值感

当你不需要别人的褒奖证明自己的价值时，别人没有表达的欣赏就不会让你觉得那么愤怒。当你不需要别人的感激来证明自己做一件好事时，别人没有说出的感激就不会让你愤愤不平。当我们有非常稳定的自我价值感时，我们就有了不去控制别人的勇气。我们甚至不需要去竞争，我们不需要通过打败别人来证明自己是更加优秀的人。因为我们知道，我们的自我价值不会因为别人的肯定、褒奖、支持、赞美或安慰而得到提升，也不会因为没有人赞美我们而减少。

自我价值感是指个体是否看重自己。自我价值感的高低，决定了我们的生命状态。有些人的自我价值感非常低，是因为从小到大没有得到足够的肯定，于是自我怀疑，自我否定。当一个人自我价值感很低的时候，很容易失去自我，变得痛苦，严重的还会陷入抑郁的情绪状态中。

科学研究已经表明，有九种导致抑郁和焦虑的原因，其中两种确实是生理原因，有些人天生就是高敏感人群，对问题和痛苦会更加敏感，但是这并不能决定其命运走向。而绝大部分会让我们出现情绪问题的原因，是源于我们的生活方式。以下是会导致我们自我价值感降低的原因：

感觉孤独，不被关注和重视。

在生活中或者工作中没有控制权，只能做别人要求你做的事。

远离大自然。

没有归属感。

找不到生活的意义和目标。

对未来失去期待。

内心的需求无法被满足。

关于自我价值感，再简单一点说就是我们对自己的认知，也就是“我认为”。你可以想象有一个盒子，装满了你对自己的评价：我是好的/坏的，美的/丑的，成功的/不成功的，健康的/不健康的，快乐的/不快乐的。

这些评价越负面，你的自我价值感就越低，你越无法感觉到快乐。好消息是，自我价值感不是永恒不变的。大学时男朋友曾经送我一套很贵重的护肤品，我看着它华丽的包装，喜欢得不得了，然后我小心翼翼地把它放在柜子里的最深处。等我下一次找到它的时候，已经过了保质期。那时候我觉得自己配不上这么贵重的护肤品，这就是在现实层面中自我价值感低的具体体现。而现在，我相信最珍贵的是自己。如果“自己”不存在，再美好的事物也无法来到你身边。

如何提升价值感？价值感的累积来源于你做了让自己感觉“棒极了”的事情，价值感不是“假大空”的口号，因为你骗不了自己。也许下面几个方法可以给你提供帮助。记住，不管什么方法，如果尝试了觉得没用，就换一个，不需要以此对自己进行自我攻击：我太差劲了，这点事情都做不好。这只代表了你跟这个方法不匹配，而不是你不够好。

保持耐心去尝试，你终究会为自己找到最适合的方法。每个人都有两次生命，一次是出生的时候，另一次是当你活出自己的时候。

放下对错，做让自己充满热情的事

每个人的人生都大同小异，我从小就会观察身边的大人，我觉得他们很少快乐。当我问他们原因，他们都觉得我很烦，挥挥手把我赶走。当我在逐渐长大的过程中，我才明白，原来人生会经历那么多不容易的事，磨难总是一波未平下一波再次来袭。

失去对人生的控制权，意味着你不能做自己想做的事，你只能去做别人希望你做的事情。如果你同时又是一个害怕犯错的人，你会觉得自己上了生活的贼船，却没有勇气做一个海盗。

回想我在很小的时候，就被爸爸妈妈教育要做一个听话的孩子。我听话到什么程度呢？做任何事之前都要请示我的妈妈，包括去卫生间。我把自己的人生交给父母决定，除了不开心之外，我没觉得有什么大问题。直到我离开家上了大学，才发现人生处处需要做选择。小到今天吃什么早餐，大到选择什么工作单位，当我不再能够依靠别人为我做选择的时候，我充满了对犯错的恐惧。

也许你会说，让别人帮忙做决定，就一定全对吗？这是一个好问题。没有人能够预知未来，所以没有人能够做出永远“正确”的选择。但是当有别人为你做选择的时候，一旦这个选择出了差错，或者结出了不理想的果实，你就可以逃避一切责任心安理得地说：这跟我无关，都是别人让我这样做的。

不需要承担后果带来的痛苦感受，这就是我们习惯依赖的最大诱惑。但是总有一天，你会发觉，尽管你可以推卸掉责任，但是你并不喜欢这样的人生，因为你从没有做过自己真正想做的事，你没有体验过自我满足时的那种兴奋和快乐，这样的人生是寡淡无味的。而且当你长时间处于依赖的状态，你甚至会忘记，什么才是你渴望要做的事。这样的人比比皆是，我才明白这就是我小时候看到的那些不快乐的大人们。

在我学习心理学之后，我问过我的一位老师：“为什么人不快乐？”他说：“人生总是身不由己，哪有一直快乐的。”说实话，我对这个答案并不满意。我相信一定会有能够让人离苦得乐的方法——直到我发现了“热情”。

热情是什么？恐怕在看书的你们都忘记了，因为如果你品尝过热情的滋味，你就不会陷在情绪中，任由自己失控，你会用你全部的时间去完成这件满载着你的热情之事，去体验，去尝试，去创造，你根本没有时间浪费。

热情，就是你真心想做的那件事。不管你如何压抑它，它都会不时地出现在你的心中。就像你暗恋的某个人，你控制自己不要想他，但是他的脸一定时时刻刻地出现在你的脑海中，我们每个人的生命中一定有一些这样的事，但是你因为很多原因选择了不做。而这会让你一生都充满遗憾。不过有一个好消息是：即使你长达数十年忽略热情，热情其实从未离开过你。

一个朋友在一家咖啡店里当店长。有一次我跟他聊天，他说现在的生活让他感觉茫然，虽然目前的工作也算理想，有着不错的收入，但是他始终觉得少点什么。我用了一个小时的咨询和后续的作业，帮助他重新点燃了生命的热情。两个月后，他说他的状态越来越棒，非常享受工作和兴趣带来的快乐，他开始经营门店的社群，有很多营销活动的灵感，打开了思路、眼界和人脉圈。跟他说话的时候，我都能看见他眼神中兴奋和喜悦的光芒。

只要花一点点的时间，你的人生就会有所不同，我也把这个方法完全地教给你们。如果你愿意花一点时间来探寻，也许会影响你的一生。

想要找到生命之中最热情的事并不难，但是如果你已经活得潦草而麻木，那八成是无法从现在的生活中找到线索了。但是每个人的生命之初，都是带着热情而来的。你看小孩子，他们热情地吃东西，热情地玩玩具，连哭泣的时候都恨不得使劲全力。

我们每个人在小时候，一定有着很多喜欢的事情，而这些事情中，一定会有持续到现在依然让我们感觉喜欢和心动的事，而这些事，就会暗藏着点燃我们生命的热情。

准备一张纸和一支笔，一首喜欢的轻音乐，一个安静的空间。

第一步：回顾我们之前的人生，从你最初的记忆开始，哪些事情是你喜欢过的，把它们都写出来。

不为了被认可，不为了变现，不为了从它上面获得任何东西，单纯地只是因为喜欢。找出哪些是你现在依然热爱的，然后按照喜欢的程度排序。

第二步：思考如果可以将它们重新带回你现在的生活中，跟你现有的生活结合，你可以怎么做？

不要管你现在的年纪，摩西奶奶76岁开始画画，在晚年成为了美国最著名、最多产的著名画家之一。而在这之前，她只是一个普通的主妇，日夜操持着家务。

第三步：花一些时间和精力在你的热爱上面，把它变成行动。它就像你种下去的种子，如果你不闻不问，它就不会开花结果。

最后一步：重复上一步。花更多时间在你热爱的事情之上，你的注意力在哪里，结果就会在哪里。持续浇灌你的种子吧，假以时日，让它开出美丽的花朵，它也将让你的人生像花朵一样绽放。

热情看似并不是生活的必需品，但是如果你真正品尝过热情，你会知道那是你避免活成行尸走肉的最重要的品质。我是在去年才领悟到这一点的，而当时我已经35岁。

某一天，我看到李欣频老师写作课的宣传，突然内心开始蠢蠢欲动。我想起小时候渴望成为作家的梦想，但是高中毕业之后，我就再也没有写过任何文章了。现在生活的主旋律就是围着两个孩子团团转，我知道我早就放弃了这个梦想。

当天晚上，我竟然无法入睡，因为这个心悸的感觉一直迟迟不肯消失。第二天，我不得不再次打开那个宣传的页面，仔细审视了起来。最后我依然得出跟昨天相同的结论：别浪费钱了，你不可能成为作家的。

正当我准备关掉那个页面的时候，突然听见心里发出刺耳的尖叫：我想要！

我假装听不见。我凭什么相信自己能够成为作家？我只是在小学时得到过全国作文比赛一等奖，但是我之后就没有任何成绩，我该相信的是那只是偶然，而自己就只是普通的写作水平而已。

接下来的一整天，我都感觉非常不好。那个渴望报课的声音不断冒出来，我捂住左耳朵，它去到右耳朵。我把两边耳朵都捂起来，它又在我脑海中响起来。最终，我实在无法忍受，点开了报名链接。当我成功报名之后，那个让我烦躁不安的声音也随之消失了，变成了激动和期待的小小兴奋。

这就是我开始写书的故事，从去年准备写书到今年顺利完成，中间并不是一帆风顺，也经历了很多坎坷。但如果这是饱含着你热情的事，你不会轻易放弃，你会想办法突破一切困难。而当我开始沉迷于自我的写作时，我的低价值感也慢慢消失了，取而代之的是喜悦和无拘无束的自由。我如此庆幸当时没有对它置之不理，我给了它一个机会，而它也给了我巨大的奇迹。

重点是，你敢不敢面对你内心深处的悸动？你是不是一直在回避它，不理不睬，用别的事情转移注意力，而唯独不敢去直面它，探索它，不知道它到底要将你指引向何方。

那个悸动正指向你的生命中真正能够打动你的东西。不管它以什么方式出现，你都会很容易注意到它，但是也许，你从未给它一个表达的机会。

很多成功的人，都在总结自己的成功经验时提到了“热情”。热情是很神奇的东西，它会给你带来无穷无尽的动力，但是热情也是很多人不敢追随的东西，因为它会带你走出舒适圈，进入全新的未知之中。

但如果你跟我一样，从小活在一个严格的对错系统中，你会很容易用是非对错来衡量你遇见的一切事情，你会对于任何事情都给予评判，包括你想做的事。你会不断地思考：它是正确的吗？它可以带来好处吗？它会让我得到什么，失去什么？当你有了很多价值判断之后，热情之火就慢慢熄灭了。

如果你一直活得谨小慎微，只做你觉得对的事，只做安全的事，只做合乎规矩的事，只做会被别人赞扬的事……我敢断定，你的生活会如同一潭死水，散发着让你萎靡不振的味道。成功往往有迹可循，你做对了一些符合规律的事，你就会成功。但是快乐不同，仅仅是把事情做对不一定能够带来快乐，能够带你找到快乐的，是对生命的热情。

如果是了解我的朋友，会知道我曾经是价值感非常低的人，我总是隐藏在人群中，不喜欢被人看到，对别人的表扬也会觉得手足无措。但是当我开始进入这本书的写作状态中，我感受到文字透过我的手源源不断地涌出，不管遇到什么困难，我都坚持了下来，而每当克服掉一个困难，我都会提升自我价值感，慢慢地，我从批判自己过渡到觉得自己真是不错。

热情会告诉你什么是你活在这个世界上真正想要做的事，而当你真正愿意为了这个热情而奋斗、努力，甚至不顾一切的时候，你的低价值感会在这个过程中被治愈。热情，会点燃你人生的动能，会成为在黑暗中支撑你走下去的光。

帮助别人，让你感觉到存在的意义

人是社会性动物，也就是说，我们需要和他人建立关系来滋养生命和实现个人成长。当我们面临困难、挑战或感到失落时，当我们需要安全感时，当我们需要归属感时，我们都需要通过家庭、朋友、工作伙伴等为我们提供支持，从而减轻我们的压力和负面感受。如果你活成了一座孤岛，那么你该怎么快乐呢？

也许，你的不快乐就是来源于一段或者几段不够美好的关系，不管是跟父母的关系、伴侣的关系，还是跟孩子的关系、同事的关系。可能这些关系跟你渴望的美好感受背道而驰，你找不到感情的归属之地，于是你的生命就定格在痛苦的时刻。每个人都有爱和被爱的需要，而当我们受伤的时候，我们也本能地不再付出。

而帮助别人，会是打破这个僵局的最好方法之一。“我们生命中所有美好的事物，都来自过去善待他人。”这是我很尊重的一位老师——格西麦克 · 罗奇说过的话，我觉得足以解释为什么我们要去帮助别人。

如果你感觉孤单，你就去帮助孤单的人。当你看到这个人不再孤单，你会惊奇地发现，你也不再孤单。如果你觉得自己可怜，就去帮助那些可怜的人，你会发现自己不再觉得自己可怜。

帮助别人，在心理学中有着微妙的含义，代表着“我有”。你无法给出自己没有的东西，所以你给予出去的任何东西，一定都是你有的。你送给乞丐一元钱，这个动作就在彰显：你是富有的。这与你头脑中的判断无关，哪怕你觉得自己的银行卡里已经余额不足，虽然这一元钱不会影响你是亿万富翁还是一贫如洗，但是真正匮乏的人，很难开心地将这一元钱给一个陌生人。

一旦你可以轻易地给出爱，你就是一个内在充满爱的人；如果你可以轻易地给出金钱，你的内在就是一个丰盛的人；如果你可以轻易给出快乐，你的内在就是一个鲜花盛开的乐园。你可以轻易地给出去什么呢？你最害怕给出去什么呢？

如果可以，我邀请你拿出本子记录下来，看一下自己在哪个部分还充满了匮乏，无法给予。我曾经在金钱上非常匮乏，因为小时候家里的贫困，以及妈妈总是对我诉说贫穷给她带来的辛苦，这些都让我对金钱充满恐惧。

直到有一天我开始审视我的匮乏，我试图问自己，如果我给出一块钱，我会不会因此变得很穷？答案是不会。那我就试着在看到乞丐的时候，给出一元钱。这一元钱对他而言，也许可以换来一个馒头、一顿饭的口粮。我惊奇地发现，我只是给出了一元钱，却获得了丰沛的满足感。

慢慢地，我试着给出五元钱、十元钱。我开始捐助贫困的孩子上学，帮助孤寡老人度过寒冬……我发现我的生活并没有因此而变得贫穷，相反，我感觉生活越来越丰盛，而我也不再害怕没有钱了。

有些人会好意劝我小心骗子。我的理解是：当你帮助一个人，你一定是希望他好的，比如乞丐可以不用再乞讨，无家可归的人可以有个遮风挡雨的地方，孤儿可以拥有父母的爱……

有这样一个小故事：一个人中了彩票，得到了一大笔钱。这时候来了一位可怜的女人，向他哭诉自己的孩子生了重病，急需一笔钱治病。这个人毫不犹豫地把钱借给了女人。周围的人知道了这件事，非常吃惊，他们说这个女人是个骗子，一直用这样的方式骗钱。中奖的人连忙询问："你是说她并没有一个生病的孩子，对吗？"大家都点点头。这个人说："那真是太好了！这就是我的愿望呀。"

你带着一个美好的愿望帮助他们，如果他们是骗子，就意味着你的愿望实现了，不是吗？那为什么要觉得被骗了呢？你做的任何事，都应该是基于你自己的心，一颗你希望这个世界更加美好的心，而不是对方的反应。你做的事反映了你的信念、你的价值观。你给出去的一切，最终会回到自己身上。至于对方到底是不是骗子，其实并不重要了。

别让别人轻易就能改变你，而是通过你去影响别人。我曾经读过一则关于著名天文学家尼尔·德格拉斯·泰森的故事，非常打动我。

泰森17岁的时候，遇见了改变他一生的人。那时候他正在犹豫申请哪一所大学，心中充满了迷茫。康奈尔大学的卡尔萨根教授看到了泰森的简历，上面写着他9岁的时候沉迷于天文学。卡尔萨根教授就给泰森写了一封信，信中写道：听说你跟我有相同的爱好，你是否愿意来康奈尔大学的天文学系参观一下？要知道，卡尔萨根教授已经是一位名声显赫的天文学家，出了好几本畅销书，也是电视台的常客。而泰森只是一个普通的17岁高中毕业生。

泰森受宠若惊，立刻搭乘前往纽约的康奈尔大学。卡尔萨根教授带领泰森来到了他的研究所，参观他的实验室，然后做了一件很酷的事，他头也不回地从书架上抽出一本书，那是他其中一本著作，签上自己的名字：给未来的天文学家——尼尔·泰森 。

泰森傍晚回去的时候，纽约下起了大雪。卡尔萨根教授把自己家中的电话号码留给泰森，对他说："如果巴士因为天气原因而停运的话，就来我家住一晚吧。"

泰森在讲述这段经历的时候，眼眶中噙满泪水。他说：为什么教授要这样对我？我什么都不是，只是个无名小卒，但是卡尔萨根教授却如此重视我。于是我告诉自己，要是日后我像他一样出名的话，我也会像他一样对待我的学生。

对于这位在天体物理学领域作出巨大贡献的科学家尼尔·德格拉斯·泰森而言，生命的意义是什么呢？他曾这样回答：

"从来没有人告诉过我生命的意义，许多人一生都在寻觅，仿佛它就藏在石头底下，或者藏在树后面，而我却在想：你的能力不止于此。你有能力为自己的人生创造意义，而不是被动地寻找它。于是，我为自己创造意义。

对我来说，这个意义涵盖了：

我是否比昨天更加了解这个世界？

在我的能力范围内，我是否减轻了别人的痛苦？

我是否让这个世界变得更加美好一点？

我是否改善了他人的生活？

这并不意味着我们要每时每刻都那么做。但是如果我的一些微小举动，能为别人带来重大价值的话，我会义不容辞地去做。如果只需要动用我们生命中的10分钟，就能为别人带来快乐或启发，或者为别人减轻痛苦，为什么不做呢？不去做的话，我觉得自己没能尽到本分。”

也许你的一个举动，就能改变别人的一生。你也会因此而觉得自己的存在更具价值。

借助大自然的力量疗愈自己

环境对人的影响有多大？从孟母三迁的故事中我们就不难看出，一个消极的环境只会让人感到疲倦和痛苦。也许你无法改变某些固定的特有的环境，比如你的家庭，你的工作，但是你依然有办法让自己暂时离开这样的环境来喘口气。

最简单的就是去到户外，去到大自然中。很多人都忽略了大自然是天然的疗愈场，并且它是免费的。光是晒太阳这样简单的事情，就会让我们的身体分泌出对抗负面情绪的天然激素——内啡肽。

我在治疗抑郁症的过程中，在大自然中得到了非常多的启发。那时候我经常去海埂大坝，吹着风，看着滇池的水面，以及天空盘旋的海鸥。我经常一动不动地坐着，一边感受自己的痛苦情绪，一边看着天空中的云不断变幻，看着天空中盘旋的海鸥来来去去。

大自然有我们需要的所有智慧，而很多时候我们的痛苦就是因为我们在抗拒这些自然法则。大自然告诉我们，生老病死如此自然，是大自然让失去双腿的史铁生明白了生与死的本质，写出了感动无数人的《我与地坛》，是大自然让海伦·凯勒重拾生命的希望，也是大自然令劳伦斯像鸟儿一样树立向死而生的人生观。

大自然一直在向我们传递智慧。你看宇宙一直完美运行着，太阳每天都东升西落，没有一天出差错，我们为什么不相信我们也是处于伟大的宇宙秩序之中的一员呢？在丰富多彩的大自然里，每一种生物都有自己的智慧，而这些智慧，都足够启发我们渡过困境。

水的智慧是包容，水可以变成任何形状，它也可以被倒入任何容器中，就像我们会经历不同的处境，但是我们是否可以很好地适应环境，而不是撞得头破血流？当水前行的路被挡住，水不会使用蛮力，水会慢慢继续自己的势能，直到有一天它高于它的阻碍，于是水就可以继续奔涌向前。

花朵的智慧是绽放，哪怕是最不起眼的小花，它也会尽全力绽放自己，这无关是否有人欣赏，也无关是否会遭到嘲笑。

云的智慧是不留恋，不管上一秒美得多么惊心动魄，下一秒，都会无所畏惧地消散。

太阳的智慧是公平，无论你是什么，它都平等地照耀你，不会因为你做对了什么多照耀你，也不会因为你做错了什么而避开你。

甚至一颗小小的、平凡得不能再平凡的种子都包含着无尽的智慧。种子发芽需要阳光、空气、水分和适当的气候。当环境不适合发芽的时候，小小的种子就安静地等待，但是它时刻保持警觉，一旦条件成熟，种子便会奋力生长。疫情这些年，对于大部分人来说，都是蛰伏和等待的时间，而在这个静默的时段，你是否也在充分准备自己，蓄势待发呢？种子的第二个智慧是知道自己要变成什么。一颗西瓜的种子不会结出葡萄，百合的种子不会想要变成玫瑰。

我常常在想，大自然的生物会遇到困境吗？当然，但是它们或许比我们更加懂得坦然对待。李欣频老师给我们讲过一只企鹅的故事：她在南极旅行的时候，遇见一只受了伤的企鹅，它的一只翅膀被锋利的冰棱削掉了，伤势很重。这只企鹅安静地闭着眼睛，平静地感受生命的流逝，仿佛在享受阳光最后的照耀。

大自然随处是智慧，如果你正处于痛苦之中，感觉很难走出困境，有一个很好的建议就是旅行。在旅行中，你会获得新的见闻；在旅行中，会刷新我们曾经深信不疑的信念；在旅行中，你会看到别人的生活；在旅行中，你会被自然的美景感动；在旅行中，你会被某个陌生人不经意的一句话所启发；在旅行中，你会明白我们的人生其实有更多选择。

如果因为现实的问题无法去很远的地方，附近的徒步也可以起到同样的作用。给自己一个放下沉重的压力、可以自由喘息的机会吧。眼睛是心灵的窗户，眼界打开了，心也就跟着开阔了。

找到你的支持系统

支持系统是指当你遇见困难的时候，你可以求助的人。我们常说抓住一根救命稻草，支持系统就会是这根救命稻草。它可以是你的家人、你的朋友、你的老师，所有那些你想到的能够支持和帮助你的人，都可以成为你的支持系统。当你需要帮助，感觉自己六神无主、心绪烦乱的时候，你可以向他们呼救。也许他们的陪伴、支持，甚至一句不经意的话，都能启发你去解决目前生活中的问题。

别不好意思开口去找他们，你的身边一定会有人成为你的倾听者、支持者，他们会说出你看不到的角度，我曾经跟随托马斯·西伯尔老师学习过他的智慧，他向我们展示了如何通过简单的陪伴，就可以让一个人从负面情绪状态开始获得安全感，慢慢平复下来。

当你觉得遇到困难的时候，你能想到的第一个人是谁呢？

家庭支持系统包括：父母、伴侣、兄弟姐妹、子女以及其他家庭成员。

社会支持系统包括：同学、同事、朋友、合作伙伴、领导或下属等。

专业支持系统包括：心理咨询师、心理咨询机构以及社会公益组织等。

家庭本该是我们最好的支持系统，但是我们往往不想让父母为我们担心，所以跟父母从来都是报喜不报忧。还有一点原因是当我们跟父母诉说我们的困境时，父母往往为了急于帮助我们解决问题，而给我们灌输很多的道理和价值判断，让我们觉得不舒服。

其实很多时候，我们只是想倾诉一下心中压抑的难过，我们只是想要一点陪伴，不需要那么多的道理。在你的通讯录中，有没有这样一个人让你可以信任他、依靠他。在你不开心的时候，负面情绪快要压垮你的时候，大胆地去求助吧。

别怕麻烦别人，也别担心对方会心生厌烦。人的本性中都有愿意帮助别人的一面。真诚地告诉对方，你遇到了一个困境，希望对方给你一两个小时的陪伴，我相信，对方不会轻易拒绝你。

如果实在找不到可以帮助你的人，建议寻找专业的心理咨询师。过去很多人担心找心理咨询师就意味着自己有心理疾病，但其实并非如此。当社会不断发展，人们会明白，专业的心理咨询师是帮助我们快速节约时间成本的最好方法。

使用暗示

心理暗示是一个被科学证实过的效果惊人但是又非常简单的方法。

美国的科学家曾经做过这样的实验：在实验室里，实验人员将一个死囚的双眼蒙起来，把他绑在凳子上，旁边放着一个装满水的塑料小桶。实验人员先用刀背划了一下死囚的手腕，并未真正划出伤口。同时将塑料小桶划开一个小洞，发出“滴答滴答”的流水声，然后告诉这个死囚，他的手腕已经被划开，全身的血液将一滴一滴流干。于是，囚犯就真的感觉自己的血液在一滴一滴流出去，半个小时之后，囚犯就因极度恐惧而昏厥死亡。让囚犯去世的并不是真正的伤口，而是他自己消极负面的心理暗示，他坚信自己会死去，于是产生了巨大的恐惧，导致大脑心脏等器官缺氧而猝死。

心理暗示不仅仅发生在实验室里，它也与我们的生活息息相关，所有通过我们的五种感官系统进入我们大脑的信息都充满了暗示，包括你看到的、听到的、闻到的、尝到的、接触到的一切。甚至连广告都是暗示，这也是很多品牌不惜花费重金砸广告的原因。我相信20世纪80年代的人都会深深记得这样一句话：今年过节不收礼，收礼只收____。

暗示就像一个双刃剑，长期的负向暗示可以摧毁一个人，正向的暗示也会拯救一个人。美国著名的心理学家罗森卡尔教授曾经做过两个轰动心理学界的实验。

第一个实验：1960年，哈佛大学的罗森塔尔教授在加州的一所学校，以“未来发展趋势测验”为名，要求校长对其中两位教师说：根据过去几年的教学表现，校方认定你们是全校最具潜力的老师，为了塑造更多优秀的人才，本学期特地挑选了一些智商比同龄孩子都要高的学生组成两个班级，让你们来教。学校相信，有你们这样优秀的教师，加上这些高智商的学生，你们会创造更棒的成绩。两位老师非常自豪，一年之后，这两个班级学生的成绩是全校最优秀的，比其他班级的成绩要高出几倍。而真相是：这些学生的智商并不比其他学生高，他们是在学生中间随机抽取的，两位老师也不是全校最好的老师，同样也是在教师名单中随机抽取的。

第二个实验：1968年，罗森塔尔教授来到一所小学，对所有学生进行智力测验。然后他把一份“最具发展前途”的学生名单交给相关老师，告诉他们名单上的学生的智商很高，很聪明，并叮嘱他们一定要保密，以免影响实验的准确性。8个月后，罗森塔尔教授对学校的学生进行了复试，奇迹出现了，名单上的学生成绩都有了很大的进步，并且变得活泼开朗，自信心强，更加乐于跟别人打交道。

罗森塔尔认为，尽管老师没有告诉名单上的孩子们他们是被选出来的佼佼者，但是因为教师受到实验结果的暗示，会有意无意地通过态度、表情、语言以及肢体语言给予这些孩子更多的赞许、体谅、辅导等行为，将自己隐含的期望传递给了学生。当老师觉得学生是有能力的、值得信任和培养的，学生们也会认为自己是有能力的，就会建立起自信和自尊，让自己为了变得更好而努力。

相反，如果老师认为他们能力低下，烂泥扶不上墙，简直无可救药的时候，学生也会从老师的反馈中看到自己是一个如此糟糕的人，就会感觉到沮丧和绝望，相信自己不如别人，自暴自弃，从而放弃所有变好的机会。

别以为只有孩子才会受到暗示，第一个实验中，接受暗示的对象就是成年的教师。这就说明，我们每个人无论年龄大小，一生都在接受着外界给我们的暗示，这些暗示也不断潜移默化地塑造着我们对自己的评价。而我们生活中往往充满了负面暗示，甚至你身边就有着不断向你传递负面暗示的人，但是你却没有留意到。

有一个流行词——煤气灯效应，简称PUA。就是指在关系中利用负面暗示的情感操控，操纵者试图让对方怀疑自己的行为，甚至是自我价值，从而让人变得脆弱，失去独立判断的能力，最后只能依赖于操纵者。

如果你有以下行为，你就要警惕自己是否陷入了别人对你的PUA而带来的负面暗示中：

反复质疑自己，觉得自己哪里都不好。

总是让你感到自责，并向对方道歉。

总是无法开心。

只考虑对方的喜好，忽略自己。

即使简单的事情也会去征求对方的建议。

跟对方在一起时，担心自己说错话，做错事。

你的情绪越来越差，感到无助和压抑。

如果你处于一段充满煤气灯效应的关系里，你会觉得自己筋疲力尽、疲惫不堪，完全失去了力量。以下的办法可以帮助你逐渐走出被操控的局面：

使用情绪释放的四步骤处理这段关系带给你的所有负面感觉。一旦出现负面情绪，就随时做。当你对这个步骤熟练了，10分钟就可以完成一次。随着负面情绪的不断释放，你会逐渐感到内在是有力量在支撑着你的。

认清你正在接受对方对你使用的负向暗示，让你觉得你不够好，你不值得。使用“一念之转”的方法翻转所有出现在你脑海中的负面信念。

扩大日常的交际圈。从更多的朋友的口中去打破自己已经建立的认知概念。

尽量远离这段关系，如果是父母或者你无法割舍的关系，那你需要做的是通过正向的暗示来抵御对方带给你的负向伤害。

虽然别人对你说的话都是暗示，但最重要的暗示往往发生在你跟自己的对话中。如果你之前还习惯于给自己很多的负向暗示，那么从现在开始，一旦发现自己又在开始对自己充满了评判和指责，就温柔地提醒自己，停止这个行为，并使用正向的暗示取代负向的暗示。

如何进行正向的自我暗示？

我曾经尝试过跟自己说：你真棒！但是最开始的时候是无法说出口的。突然有一天，我发现我可以用一个动作代替这句话：跟镜子里的自己击掌。

人的潜意识就像一个图书馆，里面记录着所有行为会带来的心理含义。比如你看到有人抱着双腿，蜷缩在角落，你就会感觉到她此刻很受伤或者缺乏安全感，你看到有人在奔跑就会感觉到活力，而击掌则代表着一件很棒的事情正在发生。

所以，你可以不用很违心地跟自己说“你真棒”。你只需要早晨醒来第一件事就是去到镜子面前跟自己击掌，如果你愿意，你还可以跟自己微笑一下，说一句“加油”，或者任何你能说出的正向词汇，开启这新的一天。为了避免你忘记这个简单的动作，你甚至可以写成便签贴在镜子上。只要你随时想做这件事，就立刻去做。正向的暗示，永远不嫌多。

等我慢慢过渡到可以使用语言对自己进行正向暗示的时候，下面这些正向暗示的语句都是我经常使用的：

每一天我都在比昨天变得更好。

不管我是怎样的人，我都深深地爱着自己。

我值得被爱。

我允许生命赋予我全新的体验。

我感谢并且喜欢我的身体。

我选择放下恐惧和自我评判。

我选择用爱的方式来过好今天。

我深深感恩我拥有的一切。

我选择放下过去。

我选择消除我所有的负面的想法。

我愿意原谅自己。

我是喜悦和富足的。

我是独一无二的。

我看到自己存在的价值。

我不是情绪本身，我是情绪的主人。

我不是信念，我是信念的主人。

我允许自己成功。

我是自己生活的创造者。

我将开始全新的人生。

我的生命充满无限可能。

父母不是故意伤害我，他们只是不知道如何做得更好。

不管我过去受过怎么样的对待，我都不会把它传递给我的孩子。

我可以做自己的再生父母，成为自己理想父母的样子。

你还可以为自己收集正向的心理暗示的词句库，平时让你觉得感动和舒服的话语，都可以记录下来，不断地对自己重复。你的人生也会因为自我暗示的转变而发生变化。

还有几个方法可以帮助你建立更加美好的生活：

刻意练习微笑。

感恩自己所拥有的。

当你对某个人、事、物有负面评价时，就找出与之对应的正向评价。这样可以培养你的思维方式，使之不仅仅局限于一种角度。

建立边界，稳固新建立的内在力量

恭喜你，来到了这里。这一路不太容易，对吗？但是很开心你坚持下来了。我相信你有了属于自己的收获，也建立了新的内在力量。但是这个力量就像一个小小的火苗，一个刚刚出生的婴儿，需要你多加耐心呵护。因此，建立自己的边界就变得尤为重要。

想要蓄水，就要有堤坝。而想要累积自己的内在力量，就需要建立好自己的边界。象棋中有楚河汉界，边界是用来保护自己的领土的。而人的心理也同样需要边界，以此来保护自己的内在世界。但是边界是一个很抽象的概念，简单地说，就是清晰地感知一件事是谁的责任。

为什么有些人会失去边界？也许我们的原生家庭从未允许我们建立过自己的边界，所以我们分不清楚什么是自己的，以及什么是别人的。没有边界的人，会分不清楚自己和别人的区别，于是会把自己的要求强加给别人，同时也会把别人的想法以及评价认同为自己的。

一个小婴儿刚刚出生的时候，天然地觉得自己跟母亲是一体的。婴儿非常依赖母亲，随着婴儿慢慢长大，他开始对世界产生好奇，于是渴望去探索这个世界。但是这个时候，他仍然主要依赖母亲或者其他重要抚养者来获得安全感。他带着忐忑的心出去探索，遇到危险，他会立刻跑回妈妈身边。这个时候，如果妈妈给予孩子正确的支持，帮助孩子处理恐惧和不安，孩子很快会再次充满力量地出去探索。

直到他形成了独立的自我意识，为了找到自己想要的生活，他开始独自驾驶人生的小船，出去远航。这样长大的孩子，他会有清晰的边界，他不仅尊重自己，也尊重别人。

还有一种情况是，当孩了探索时遇到了危险，回到母亲身边求助的时候，母亲给了他更多的不安，比如让孩子觉得外面的世界是危险的。不管出于什么目的让妈妈做了这样的事，有可能是为了保护孩子，也有可能是为了害怕孩子离开而控制着孩子，孩子都会因此对外面的世界产生恐惧，进而更加依赖母亲。

但是人总是要长大的，总有一天，我们不得不进入社会，成为独立的人。这个时候，习惯依赖的人，会想要继续依赖。他们会找人替代跟母亲的关系，这个人可能是朋友，也可能是伴侣，或者生活中的其他重要关系。在这些关系中，他们会因为重复着小时候跟家人的模式，而放弃边界。因为边界意味着分离，意味着不能继续依赖。

就像藤蔓总是会找东西依附一样，没有边界的人也总是希望能够跟别人融为一体，你中有我，我中有你。越是亲密的关系，我们越容易丧失边界。但是这样的关系，一开始会让人觉得甜蜜，时间久了往往会让对方窒息。就像被藤蔓缠住的树，随着营养被藤蔓吸收殆尽，总是难逃死去的命运。

失去边界的几种表现：

不懂得拒绝，只会一边痛苦一边强迫自己接受。比如别人让你帮忙值班，你明明不想做，但你还是答应了。

无法坚持自己的意见，通过别人的评价来定义自己。

控制欲强，把自己的意愿强加给别人。

总想拯救别人，为别人承担责任。

有一个很令人费解的现象：很多好女孩都会遇见“渣男”。她们任由“渣男”骗钱骗色，最后自己遍体鳞伤。其实这往往是边界缺失的表现。我研究过很多这样的“好女孩”，他们善良、温柔、懂事，什么事情都为别人着想，但是唯独会忽略自己。

有一个女孩跟我讲了她的成长经历，她的父母从小对她很严格，她为了让父母高兴会做很多讨好父母的事情。夸张一点说，任何能够让父母开心的事情，她都会做，以换得父母对她极其吝啬的称赞。

女孩跨越了边界，她把让父母开心变成了自己的责任。她并不明白，应该为自己的心情负责的应该是她的父母。当女孩长大以后，遇见了喜欢的人，女孩说对方自从跟她确定了恋爱关系，就开始不再工作了，在家打游戏，靠着女孩的微薄收入生活。但是女孩毫无怨言，相反她觉得只要回到家里看见男孩子开心的样子，她就相信这一切都值得。

她身边的朋友都看不下去，纷纷劝她分手。女孩为了男朋友，不惜将朋友都得罪一遍，因为这是她心中信仰着的爱情。可惜好景不长，慢慢地，男朋友开始当着她的面夸赞另一个女孩子，没多久，男孩儿就离开了她。

女孩痛彻心扉，她哭着问我是不是她不够好，没有让男朋友满意，所以男朋友才离开她。很明显，女孩遇到了“渣男”，这是任何一个旁观者都能看清楚的事实。可在女孩的眼中，却无法辨别。

为什么？因为在女孩的成长过程中，她经历的就是渴望被爱而不得，于是她要不断地用自己的一切去交换父母那点可怜的爱，甚至不惜苦苦乞讨。她已经习惯痛苦的关系，这种关系模式让她熟悉，也就是我们常说的“舒适区”。

舒适区并不代表着舒适，舒适区只是让你感觉熟悉，人总是会因为熟悉而感觉到安全，尤其是像女孩这样缺乏安全感的人。对于女孩而言，她无法相信会有人全然地爱她，对她好。她也不敢接受这样的爱，因为她从未体验过，所以充满了不安和恐惧。

那么，如何建立边界感呢？

首先，清楚自己的底线，意识到自己有保护自己的责任。

如果有人要抢走你的钱，你的第一反应肯定是护住不放。为什么有人要抢走你人生的控制权，你却拱手相让呢？你的生活，你的内心感受，才是你应该牢牢控制在自己手中的。不管对方是谁，你的父母也好，你的伴侣也好，你的孩子也好，他们都不是你，而你不能依赖任何人来保护你的心，因为这是你的事，你的责任。清楚自己的底线很重要，当有人试图跨越这条线，就是你该大声说不的时候了。从今天起。不允许任何人做伤害自己的事。

其次，可以清楚地感受到边界被侵犯的信号——压抑和愤怒。

如何发现自己的边界被入侵了呢？你的感受会告诉你。在人多拥挤的电梯中，人们往往都会感觉不舒服，有一种压抑和紧张的感觉，屏住呼吸，只想电梯早点开门，放自己出去。这就是一种典型的边界被入侵的感受。当别人突破了我们的安全距离，我们就会感觉不舒服。但是这个感受也因为关系的亲疏而有不同。如果对方是陌生人，你可能希望离远一点，如果对方是你喜欢的人，你会愿意靠他更近，甚至亲密无间。所以你的感受会非常重要，当你习惯倾听、感受传递给你的信息时，你会越来越懂得自己。

在写这本书的时候，我跟我的先生一度陷入了矛盾之中，他因为我曾经犯过的错不断找机会责备我。一开始的时候我带着自责和内疚去弥补，但是当他不断地向我施压，让我越来越无法喘息的时候，我突然意识到，我的边界已经被严重入侵了。

什么时候你会觉得边界受到侵犯？有一个指标就是在关系中，当你感觉到压抑的时候。如果你感觉到压抑和愤怒，一定是你的权益被触犯了。有些人不敢为自己发声，如果是你的孩子被欺负，你敢不敢站出来保护他？那把同样的勇气也用在自己身上吧，你值得被自己好好呵护。

再次，敢于说不，你不需要让你不舒服的关系。

当你发觉你的边界被侵犯的时候，你要敢于说不，敢于拒绝。很多人不敢拒绝是害怕伤害关系，对于他们来说，关系的维系大于一切。哪怕自己难过，自己受伤，也想将关系一直维系下去。

我的一个来访者曾经跟我说，她跟朋友出去吃饭，都会选择朋友喜欢吃的，即使自己有很想吃的东西，也不会点。我问她如果点了你喜欢吃的，你会有什么担心？朋友说担心对方不开心，担心这段关系有裂痕。

我问她："所以这是一个如果你点了你喜欢的食物，她就会不开心的朋友？"来访者思考了一下，点点头。

我说："那如果继续维持这样的关系，你就开心了吗？"来访者摇摇头。

我继续问她："如果失去了这段关系，你会怎么样？"她说："我会很伤心。"

我接着说："为什么这样的关系，让你不舒服，你却害怕失去？一段好的关系是可以滋养彼此的，而不是一方压榨另一方。"

来访者突然说："我并不确定当我点自己喜欢的食物的时候，对方是否会生气。这只是我的猜测，但我觉得应该实际尝试一下。"

这位来访者下一次找我做个案的时候，她很开心地跟我说，她尝试了点她想吃的食物，让她惊喜的是，对方并没有生气。她突然觉得心里的石头可以放下了。并且当她做了这样的尝试之后，萌生出一个领悟：如果对方因为她点了自己喜欢的食物而不高兴，那为什么还要保留这样可笑的关系呢？

我问她：“这块石头，你背了多久了呢？是谁在你小时候不允许你做你自己想做的事呢？”

来访者讲了她小时候的故事，她总是被父母严格控制着。她经常被父母批评做的事情不对或者不够好，久而久之，她对于犯错非常恐惧，也不知道怎样做才是对的，而慢慢地，她摸索出一个方法，就是去做别人要求她做的事，或者别人没要求她做但是别人觉得对的事，这样的事情对于她是最安全的。

当我们小的时候，我们是没有力量的，于是我们只能任由自己的边界被入侵。但是现在我们长大了，遗憾的是，我们常常忘记了自己已经变得更加有力量了。只有当我们意识到，我们真正重要的是自己的时候，你才能有勇气去做最真实的自己。

在你的关系中，有哪些是让你觉得不舒服的，你可以逐个去梳理它们，认真审视你在每段关系中的位置、感受，问自己是否需要调整，以及怎么调整。请你相信自己，你一定有足够的智慧去处理这些问题。一开始可以先处理相对不那么重要的关系，其实只要突破一次旧有模式的束缚，你就会发现，你恐惧的这些事情都没什么大不了的。

这就跟影响家里干净整洁的杂物要扔掉一样，对我们内心有伤害的关系，也是需要处理掉的。而能进行多大程度的处理，取决于你的内心强大到哪种程度。所以不用逼自己，按照让自己舒服的进度去做。在做的过程中，你会不断获得新的力量和领悟，然后支撑你的内心变得更加广阔、自由、无拘无束。

然后，不干涉别人的事情。

干涉别人的事情也是边界缺失的重要表现，尤其很多父母喜欢干涉孩子的生活，但是自己并没有意识到这样的行为是不妥当的。这就造成了很多孩子的学习主动性很差。

我在大儿子上一年级的时候就跟他说过这样一段话："学习是你自己的事情，我作为妈妈，责任是照顾好你的生活。如果你学习好，老师会表扬你，同学会羡慕你，你自己会很爽。但是我作为你的妈妈，主要责任是照顾好你的生活，不管你学习好不好，我都爱你。但是如果因为你在学校惹恼了老师，导致老师来找我，让我感觉很没面子，我就会回来收拾你。"

我的大儿子现在小学四年级，从来不用我操心任何关于学习的事情。我不知道我说的那段话起了多大的作用，但是我确实做到了把学习的责任还给孩子，而孩子也因为自己担负起学习的责任，就有了足够的内在动力去克服学习上的一切困难。

除了亲子关系之外，伴侣关系也非常容易掉入干涉对方的陷阱中。

我做过的一个个案中，来访者非常痛苦的原因是因为妻子干涉他挤牙膏的方式，干涉他穿哪件睡衣，甚至摇晃拖鞋的角度。这些听起来都是小事，但是却成为关系中压抑感的重要来源。让我们疲惫的往往不是远处的高山，而是鞋子里的一粒沙。

最后，认可自己的价值，警惕所有批判你的声音。

心理边界的建立是为了保护自己不受外敌入侵，这还远远不够，因为最大的敌人往往不是别人，而是自己。你有没有留意过，当你做错了事情，做了不够好的事情，或者得到不想要的结果的时候，即使你自己处于一个安静的空间中，周围没有任何人，你依然能听到脑海中有个声音在不停地对你说话。

你真是个失败者，你糟糕透了，没有人会喜欢你，你根本不配，你就是个傻子……这个声音带给你的痛苦，远远超过事情本身给你带来的痛苦。事情也许过去了，但是这个声音会一直在你耳边喋喋不休，让你寝食难安。你吃饭时，睡觉时，洗澡时，走路时，开车时，工作时，聊天时，它把你囚禁在无尽的自责与内疚之中，你根本无法逃掉。

于是很多人会通过让自己对另外的东西成瘾来逃避这些声音，感情、性、酗酒、游戏……任何能够带来即时快乐的，都可以成为短暂的避风港。但是这样的做法不但解决不了这个内在评判自己的声音带来的痛苦，反而会因为成瘾而把生活搞得一团糟。

自我价值也是本书不断提及的一个话题，因为过低的自我价值感几乎是所有负面情绪的根源。当你否定自己的价值的时候，你就会放弃自己的选择而去依赖别人。然而自我价值的重建不是一朝一夕之事，就如同一栋高楼从建造开始，要经过一砖一瓦的累积，直至最后封顶大吉。

我邀请你跟我一起大声读出这句话：

从今天起，我不允许任何人用任何方式伤害我自己，包括我对自己的评判和伤害。从今天起，我将全然地爱我自己，保护我自己，建立自己的边界，成为我生命的主人。

你经历的生活是你自己创造的

读到这里，你是否有一点点的疑惑，我们只是想解决情绪问题，为什么书中还讲了很多跟情绪不相关的内容？这对我处理情绪问题有什么帮助吗？

让我们用更高的、全局的视野来看这条情绪链上到底发生了什么：

事件→情绪→需求→信念→行为→结果（现在的人生）

这其中的6个环节，有两个是你无法操控的，即最初的事件和最后的结果。最初的事件无法改变，因为已经发生的事就如同泼出去的水，无法再收回。最后的结果也无法掌控，永远带给人拆盲盒一般的惊喜或者惊吓。而中间的4个环节，从情绪到行为，全部都是变量。不同的情绪反映着不同的需求，需求背后又关联着信念，不同的信念让你做出不同的行为，不同的行为带来不同的结果。

你痛苦不仅仅是因为情绪，而是因为你没有得到想要的结果。所以别妄想通过控制情绪来控制你的人生，你需要改变的是这条链路上创造出不想要的结果的每一个可能性。

我们都是自己人生的创造者，你不是什么都做不了。在中间的四个环节里，你可以使用情绪释放四步骤处理情绪；通过对外攻击型情绪看到自己的需求；通过对内攻击型情绪发现自己隐藏的信念；使用马斯洛需求层次论来对照和启发自己找到和满足自己的需求；使用“一念之转”来翻转负向的信念；做跟过去有所不同的行为，比如有效地沟通表达。

别再把你的痛苦推给命运了，所谓命运也不过是从事件、情绪、需求、信念、行为再到结果的一次又一次循环。当你开始改变，你的人生一定会有所不同。

身处这个时代最幸运的事情之一，就是量子物理学已经发展到可以用科学实验来证实我们的想法和意识是如何影响并“创造”出我们现在的生活的，使它不仅仅是一种推断或者猜想。

这个实验就是大名鼎鼎的“双缝干涉实验”。实验最初的目的只是想确认光是粒子还是波。在我们的三维世界中，物质的两种状态就是波或者粒子。

什么是粒子状态？打个比方，当你观察一只鸟的时候，尽管它不停地飞来飞去，但是它在每个时间点只会出现在一个位置。而波状态是指往平静的湖面扔一颗小石头，当它落入水中的时候产生的涟漪就是波，如果你连续扔两个石头，它们产生的波纹互相靠近、叠加，就会产生干涉现象。

科学家将电子释放出来，打在几米之外的屏幕上，中间放置一个有两条细缝的挡板。如果电子是波，那么呈现的就该是波的特性，就会发生干涉现象，就像水波纹一样，屏幕上会出线明暗相间的干涉条纹；如果电子是粒子，那么这些电子就会通过两条缝的挡板，在屏幕中形成同样两条缝的图案。

实验的过程中，非常吊诡的事情发生了：当没有科学家观察的时候，电子呈现的是波的特性；当科学家打算亲自观察一下实验时，令人惊讶的是，电子仿佛知道有人看它们一样，呈现出了粒子的特性，在屏幕上形成了两条细缝。

这个实验结果颠覆了我们以往的认知，说明这个世界除了我们早已知晓的牛顿定律，还有一种规律，用来描述看不见的世界，也被称为“观察者效应”。而这个看不见的世界，其实就是我们的意识世界。当观察者介入的时候，所有一切的可能性就坍塌为一种现实，而这个现实只与观察者的意识相关。

这对你有什么启发？

如果在你的生活中，你就是观察者，那么你在你的生活中创造了什么现实？这个创造现实的能量本来有着无数的可能性，而当你的意识介入，这些可能性就顺着你的意识排列，变成你相信的样子。

生活中的一切发生，都是我们内在的一次隐喻。生活就像是一个全息投影，将你内在的情绪、需求、信念毫无保留地投影出来，构建出一个又一个事实。

在金刚智慧中有一个关于“笔”的故事：当你手中拿着一支笔，你会用它写字，你清楚地知道这是一支笔。这时候一只可爱的狗狗进入房间，当你把笔扔向它，它会立刻咬住笔，开心地摇起尾巴。因为这对狗狗来说，是一个磨牙玩具。

这时候你出去了，狗也出去了，只留下这个东西在桌子上，请问它是笔还是磨牙玩具？

聪明的你一定开始思考，你可能会犹豫地说，好像都不是，或者说都可能是。而决定它是笔还是磨牙玩具，取决于下次进来的是人还是狗。如果下一次进来的是人，那么它就是笔；如果下一次进来的是狗狗，那么它就是一个磨牙玩具。

就好比同一部电影，不同的人看完会有不同的感受和解读。你就是解读你自己生活的那个观察者，你也是决定你生活最后结果的创造者。

如果可以，你是否愿意带着全面的视角重新审视你人生中所有的经历，尤其是那些让你想不通的、抗拒的、排斥的、恨不得全部遗忘的事情，去看到你如何创造了它们，就如同孩子拼搭的乐高玩具，你是如何把一块一块名为“情绪”“需求”“信念”“行为”的积木块搭建出现在的人生？也许这不是你想要的生活，但是创造的原理是相同的，只要你知晓了你如何创造出了负面的、不想要的生活，你就会知道如何创造出积极的、正向的生活。

从现在开始，用全新的自己去创造吧！同样的24色或者48色颜料，不同的人可以描绘出无数不同的风景。春意盎然，夏日炎炎，硕果累累，冰天雪地，你现在想画的，是哪一种风景？

画笔和颜料都交给你，你拥有你自己人生的决定权。

4. 情绪来临时，不妨理性思考一下

身体、情绪、理智是三位一体的，互相依靠，缺一不可。

身体是承载我们情绪和理智的圣殿，情绪和理智看不见摸不着，它们灵活而容易消逝，我们的身体则相反，他以一个物质的实体存在着。最理想的方式是，身体、情绪和理智同时为你在各自的轨道上工作，紧密配合，但又互不干扰。

情绪的目的是告诉你该做哪些调整，理智接收到信息，然后指挥身体去行动。但是往往当我们感受到负面情绪的时候，不管负面情绪是什么，愤怒、悲伤、嫉妒、焦虑……它一定伴随着痛苦。而人的本能就是想要远离痛苦，所以理智就会全副武装地扑到负面情绪上，与它决一死战。

负面情绪说："我有句话要说。"

理智说："住嘴！"

当我们的理智和情绪不断纠缠和斗争，身体就会变得茫然，不知道该如何行动。在巨大的冲突中，身体也开始慢慢崩坏。理智与情感似乎就像天平的两端，不断地彼此制衡着。当我们处于巨大的情绪和情感之中，我们往往会放弃理智，任由情绪操控着我们的感受和言行。理性思考往往发生在我们冷静的时候，而当我们被情绪控制的时候，理智很难出现。

事实上，情绪和理智不是敌人，它们更像是互相扶持的盟友，情绪和理智的目的都是相同的，即为了我们的人生能够走在正确的路上。别让情绪一个人孤军奋战，邀请你的理智加入进来吧，让它们共同为你的人生变得更好而服务。当你因为巨大的情绪而变得像一头发狂的怪兽，记得先用呼吸来调整自己，或者使用情绪四步骤释放情绪。给理智腾出一点空间，来完成下面的过程。

目标清晰

很多找我咨询的人向我倾诉他们是如何控制不住地对伴侣、孩子发火的时候，我都会邀请他们回答一个问题：你的目的是什么？

你的目的是伤害你的家人吗？你的目的是让家人和朋友离你越来越远吗？

我相信如果这是他们的目的，他们就不会来到咨询室了。正因为使用情绪造成了不想要的结果，他们才感觉到困扰。有一个很简单的方法可以解决这个问题，就是明确自己的目标。

首先，将这个目标很具体地描述出来。

比如：我希望孩子的学习成绩提高，我希望伴侣多关心我一点，我希望父母能够更加支持我；我希望老板看到我的努力，能够为我升职或者加薪……如果没有梳理出目标，情绪就会成为你的掌控者。因为理智缺位了，情感就得补上，不然我们会失去所有行为的依据，就像计算机丢失了程序从而无法运作一样。

其次，评估这个目标是不是可达成的。

有些目标的产生是并未经过仔细思考的，脑海中突然冒出的某个想法，很可能就被当成了你的目标。比如有一位来访者说他的目标是让孩子考入重点中学。他为此付出了许多努力，但是无奈孩子并没有跟他统一战线，反而是一副无所谓的样子，觉得能考到哪里算哪里。来访者为此痛苦不堪，觉得孩子不求上进，没少对孩子发火，亲子关系已经快要反目成仇。

所以这里要处理的就不再是目标问题，而是来访者的执念：一定要考上重点中学。经过几次咨询，来访者终于接受了孩子可能无法考上重点中学的现实。调整了目标之后，来访者放下心中重担，不再焦虑了。

确定目标的时候，要注意这个目标不是为别人设立的，如果像这个案例中的父亲，将自己的目标设立为希望儿子考入重点中学，大概率是会让人失望的。目标的主人公只能是自己，因为你能改变的人，只有自己。

评估现有的情绪应对方式是否有效

确定了目标，接下来你需要知道的是，现在的方法能不能带你抵达那个目标。我们常常会想当然地觉得我这样做，明明就是为了达到目标，却从来没有好好睁开眼睛看一看，我们也许正在朝着背离目标的方向越走越远。

比如在亲密关系中，我们都想好好爱对方，但是你使用了什么情绪应对方式和行为在对待对方呢？焦虑、紧张、控制、争吵、抱怨、指责……对方感受到的是你想让他感受的吗？如果不是，说明你现在的情绪应对方式是无效的，而你需要使用或者寻找新的方式。

花一点时间，针对一件让你觉得困扰的事情，对自己进行一次复盘吧。

发生了什么？

你有哪些感受？做了哪些行为？

得到了什么结果？

这个结果是你希望得到的吗？

如果不是，在哪个环节出了问题？

你如何可以做得更好？

回答问题的误区之一，就是觉得自己一定要给出一个答案。其实不然，提问本身比找出答案更有价值，因为你会在每一次对自己的提问中，如同抽丝剥茧般地更加了解自己。

你在自己身上花费一分钟，胜过在别人身上花费十分钟，这是最高性价比的投入和产出。你越是了解自己，就越不会让自己陷入那些未知的痛苦之中。可能你依然会痛苦，但那也是清醒的痛苦，也因为清醒，才会更容易找到解决的方法。

还有什么更好的方法

来到了方法层面，你就有很多可以做的事情了。在这个信息爆炸的时代，只要你愿意，就一定会获得无数的方法。你可以在网页上搜索，在各种app上搜索，可以看书，可以直接与你觉得可能会对你有帮助的人对话。找出你感兴趣的方法并进行尝试，有用的话就继续多多使用，没用的话就换一个。别担心失败或者犯错，它总会好过之前那个你不想要的结果。

如果在尝试的过程中，你留意到事情的走向从一个你讨厌的、排斥的结果，逐渐走向了让你有了“哎哟，不错哦”的感觉时，记得问自己：我做对了什么，才让一切开始往好的方向发展？

这是将潜意识的改变带入意识的重要一步，当你知道你因为做了哪些全新的改变而获得了想要的结果时，比如你开始理智地使用情绪模式，比如你用沟通代替情绪发泄。让自己清醒地明白这些改变带来的益处，有助于让它们快速成为你的新习惯中的一员。人总是趋利避害的，当大脑意识到这是一种更加有利的做法时，就会写入自己的“程序”中，以便未来更加方便地调用它们。

如果你实在想不到办法，那就暂时放下这个难题，去做任何能够让你感觉到放松和开心的事情吧：洗个热水澡，吃一顿美食，看电影，逛街，听音乐……

人生还有很多让我们感受到美好的事情，不是吗？当你处于焦虑的状态，你该如何从焦虑中找到解决问题的方法呢？提醒自己放轻松，当你放松下来，才是灵感容易迸发的时候。

四步台阶，助力你不再受困于别人的情绪控制

非常棒，现在你已经明白了你是如何使用情绪去控制别人，也就意味着，你同样也了解了别人是如何使用情绪来控制你。而当你意识到别人在使用情绪控制你的时候，你除了被控制，还可以有更多选择。

第一步：判断对方是否在用情绪控制你。

当你因为别人做了什么或者说了什么，开始感觉到负面情绪涌出来的时候，不管是什么负面情绪，焦虑、愤怒、悲伤、自责、内疚……先让这些情绪稍等片刻，转向自己的内心，清楚地问自己，对方有没有可能正在使用情绪进行攻击？

人与人看起来各不相同，但是人最底层的感受其实很类似。当你可以深入了解自己的感受，你就会很容易链接到别人的感受。当你熟悉了自己使用情绪的套路，一旦你看到别人也在做同样的事情，就如同魔术大揭秘的现场一样，你能瞬间看得一清二楚。

如何判断别人正在使用情绪进行攻击呢？简单地说，只要对方在对你发泄负面情绪，那就是他在使用情绪手段，不管是直接的，比如愤怒、恐吓、威胁、暴力，还是间接的，如悲伤、冷漠、失望，都是因为对方需要从你这里获取一些东西，哪怕这个需要有时候仅仅是你的一句理解和安慰。

第二步：决定是否要卷入对方的情绪控制之中。

当你明白对方在使用情绪控制你的时候，你可以做一个决定，看是否要卷入对方的情绪控制之中。有趣的是，一旦你知道对方正在使用情绪控制你，你除了使用你的情绪去守护自己或者攻击对方之外，你已经有了更多选择。一旦人有了更多选择，就不会钻进死胡同。当你可以轻易地跳出情绪对抗，你的视角就会更加广阔。

在我清醒地认识到这一点时，我就可以从容地应对我的爸爸对我的责备。他总是觉得我做事情无法做到让他满意，我之前总是为此而内疚、难过，觉得自己不够好，但是当我明白爸爸在使用情绪向我要东西，我的注意力就会从“为什么爸爸老是觉得我不好”转变为“爸爸的负面情绪背后隐藏着什么渴望”，这让我瞬间就从负面情绪中摆脱出来。

第三步：清楚对方的需要是为了有更多选择。

所有的负面情绪都是一种呼救。表面看起来是别人在向你发泄负面情绪，其实是因为他需要你的帮助，只是他不懂得如何正确地求救。这时候你至少可以做两件事。

首先，留意你自己的感受：如果你感到非常痛苦，那说明你的能量已经不足以支撑对方的负面情绪，那么你可以决定是否理睬对方的情绪攻击，这是最基本的保护自己的方式。你得先照顾好自己，不然如何能够照顾别人？你会因为对方给你带来的负面感受，而出现委屈、愤怒、自责、内疚。然后两个人的负面情绪纠缠在一起，从而发生冲突、矛盾，没有人在这个过程中获得益处，这叫作双输。

其次，如果你感到对方的负面情绪没有给你造成太大的困扰，也就是在你可以承受的范围内，那你可以试着去链接对方的感受，理解对方此刻为什么要这样做。比如在他身上发生了什么？他的角度是什么？他的痛苦是什么？如果他是在求救，当你把他说的一切翻译成“帮帮我吧，我很痛苦”，那么他是在渴望你怎么做来帮助他呢？

第四步：理性思考解决方法，创造更好的结果。

如果你愿意，这时候，你可以使用前面介绍的《非暴力沟通》中的沟通方法——“我观察＋我感觉＋我需要＋我请求”来跟对方沟通：“我观察到你现在很愤怒，我感觉有点不知所措，我想知道发生了什么，你可以跟我说说吗？我看到你很难过，我也不太开心……”对方往往也不知道自己怎么了，他当然也不会意识到自己发脾气的原因。

可以使用这样的句式：

我感受到什么（即自己对他的真实感受）：让对方清楚自己在做什么。

我怎么做你才会觉得高兴一点：给对方增加选择。

举一个例子，我的爸爸曾经挑剔我做事情不够好，我会非常愤怒地反驳他。有一次我尝试了上面这个新方法。

爸爸：你怎么又没看住孩子，让孩子把裤子尿湿了？

我：我感觉你现在很生气，我怎么做你会觉得高兴一点？

爸：我能不生气吗？你怎么带孩子的？（这句话一方面说明他心疼孩子，一方面说明他认为我带得不够好，没有跟他带得一样好）

我：是啊，还是要多向你学习啊，这方面还是你有经验。（认可他、满足他的需求）

爸爸：……那是，你看到我平时是怎么带孩子的吗？……（此处省略一万字）

很明显，当爸爸渴望被认可的需求得到满足后，我对我的情绪攻击也会消失。

整个过程，正因为我知道了他在使用情绪控制来满足需求，我也愿意去帮助他寻找需求并且满足的时候，我的注意力就从“他怎么这样对我”变成了“我能为他做点什么”。

这两者有很大的区别。“他怎么这样对我”代表了一种无力感，而“我能为他做点什么”代表我成了主动的那一方，主动权在我这里。当然，你也可以什么都不为对方做，仅仅是不卷入对方的情绪就足够了。我们不主张成为救世主，在你有精力的前提下，可以帮助对方。但前提是，先照顾好自己。

著名的哲学家萨特有句名言：他人即地狱。因为关系往往是让我们感到痛苦的重要原因之一。如果我们能够从别人对我们的束缚中解脱出来，就不会再觉得关系对自身而言是一种折磨，因为我们可以轻松处理关系中可能带来的伤害。不管对方出于什么目的，有意识或者无意识地向你“发射”出了情绪的“千军万马”，你都可以不费吹灰之力地进行“草船借箭”，化其于无形之中。从此，他人不再是你的地狱。

但是，请注意，这并不意味着当你知道别人在用情绪控制你的时候，你就可以面带微笑、镇定自若地对对方说：“我知道，你正在使用情绪的手段，试图控制我，让我屈服或者内疚，从而让我去做你想让我做的事情，达到你的目的，满足你的需求！”

拜托了，你自己知道这些就行了。尽管你说得没错，但是当你这样说出来，只会有两个结果：第一，这会刺激对方恼羞成怒，带来无法预料的后果；第二，你们的关系八成是要破裂了，除非这是你希望的。

人真正需要的不是道理，而是情感之间的连接，道理只会让人感受到距离和冷漠。我们学会的任何知识、理论或者方法都不是用来证明我们比别人高出一筹。它只是为了让我们可以生活得比现在更幸福，保护自己不意味着要去伤害别人。聪明是一种天赋，善良是一种选择。

5.全新的情绪模式
将为你带来全新的生活

读到这里，如果你有过跟随图书练习的经验，那你应该会有所发觉，生活在某个层面开始变得不同。也许你还说不出来具体是什么变化，但是请相信你的感觉，你的人生确实在改变。而当这些细微的改变积少成多，你会惊奇地发现，你的生活已经翻天覆地。这不意味着你从此就不会再感受到负面情绪了，而是你知道如何与负面情绪共处，并且让它指引你走上新的人生改变之路。

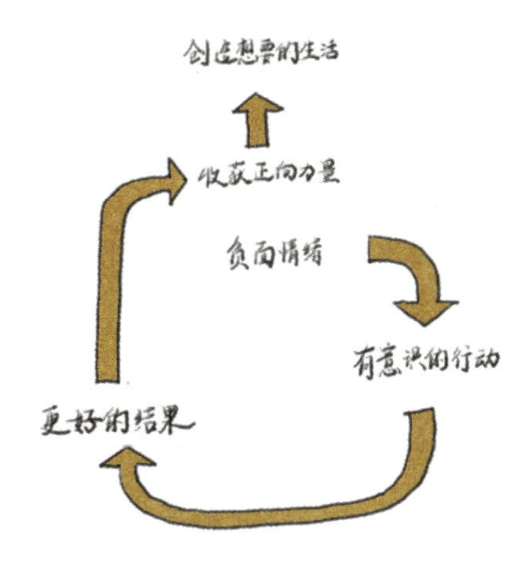

情绪体验：从沮丧、抱怨到充满感恩

我曾经是一个特别爱抱怨的人。你或者你身边有同样爱抱怨的人吗？我们都知道抱怨无用，但还是忍不住抱怨。就如同鲁迅笔下的祥林嫂，逢人便说自己的悲惨遭遇。

那么多的抱怨，其实是内在痛苦的倾诉，而且当事人不知道如何解决这些问题。如果你不让一个抱怨的人说出他的痛苦，他很容易憋出内伤。

我是从什么时候开始不再抱怨的呢？是我突然意识到，这个世界比我以为的更美好的时候。

当我只沉浸在自己的痛苦中，如同一叶障目，我的内在只有无穷无尽的痛苦。

在我患抑郁症的第三年，我从咨询室出来，走过路边的喷水池，我突然听到了水流声，这是件多么平常的事情。如果你经历过痛苦，你会知道，你的内在不可能有这么美好的声音，但是当这个声音闯入我的耳朵，仿佛在我黑暗的内在世界中划出一道口子，然后光照了进来。我抬头看了看天空，湛蓝色的，纯净如蓝色的宝石。我又看了看近处的树，树枝被风吹拂，轻轻摇摆，小鸟落在枝头，开心地唱歌。

那一刻，我仿佛重新降生于这个世界，似乎这么多年，我都没有看到这些随处可见的美好，我紧闭双眼，收起耳朵，关上心门，把自己关在黑暗的房间，只与黑暗和痛苦共处一室，从未发现，想要获得的所有美好，其实一直就在身边，无处不在。

我永远忘不了那一天，世界开始从黑白变成彩色。

之后，可以让我觉得美好的事情也越来越多，从大自然到身边的人、事、物。我开始感恩我拥有的，包括那些我之前抗拒的经历，我明白了我不是一个受害者，我经历的痛苦只是因为生命想要唤醒我，唤醒我沉睡的内心，让我不要浑浑噩噩地活着。

我想起小时候的语文课本上，有一篇《钢铁是怎样炼成的》，其中有一段这样的话：

> 人最宝贵的是生命，生命对于每个人只有一次，人的一生应该这样度过：当他回首往事的时候，不会因为虚度年华而悔恨，也不会因为碌碌无为而羞耻，临终之际，他能够说："我的整个生命和全部精力，都献给了世界上最壮丽的事业——为人类的解放而斗争。"

如果你觉得最后一句话离你很遥远，那我邀请你替换一下：我的整个生命和全部精力，都献给了世界上最美好的事情——唤醒自己的生命，活出真正想要的人生。

关于感恩，也许你可以尝试一个很简单的小方法。

每天早上醒来的时候，别急着起床，可以找出十件让你感恩的事情，在心中带着感恩之心默默地感受它们。在你想不到什么的时候，下面这些也许可供你参考：

我还活着。

我重要的人都还活着。

生活和平。（想想那些处于战争中的可怜的人们）

我身体健康或者四肢健全。

我能够吃饱肚子。

我有可以遮风挡雨的地方。

日常生活：从筋疲力尽到无限创造

负面情绪会占用人的大部分精力。在写这本书的时候，我因为遇到了一些比较棘手的问题，也产生了大量的负面情绪。整整一个月的时间，我的时间和精力都被负面情绪占据着，根本无法正常地写作。

这是继十年前的抑郁症之后，最让我难熬的一段时光。但这也是对我的一个试炼，如果我不能成功穿越这些困难，我该如何带领我的读者们找到力量？好消息是，这给了我一个机会去审视这本书中的方法是否真实有效，并且这次经历也让我对于情绪有了更深刻的领悟。

一件事的好与坏，只在于我们使用什么心态和角度去面对。如果我觉得，完蛋了，我遇上这些困难，我的书无法完成了；或者批判自己：你不是心理咨询师吗？你不是情绪教练吗？你居然也会陷入情绪的风暴中？如果我带着这样的想法，那我一定会陷于痛苦中无法自拔。

而当我问自己，如果这是一场考试，我该怎么去应对？我选择使用书中的方法来帮助自己从目前的困境中走出来，正好检视一下这些方法是否经得起反复的试炼。它们确实很有效。在这个过程中我收获了更稳定强大的内心，以及明确了下一本书的主题。

负面情绪就像一个硬币的正反面，一面是筋疲力尽，另一面是无限的灵感。当你掌握了全新的情绪应对模式，不管发生了什么，都能变成你人生之中创造的素材，让你觉得尽兴又好玩。

常见的负面情绪以及应对策略

1. 愤怒：一位尽职尽责守护我们却从未被欢迎的“哨兵”

愤怒是一种经常遭受抵制的情绪，因为愤怒往往意味着伤害和恶意。可是你是否留意过自己什么时候会感觉到愤怒、生气？

当你的安全受到威胁，当你的权益受到侵犯，当属于你的东西被抢走，当你的个人价值被否定，当你被别人曲解、误会、诬陷，当别人指责你、嘲讽你的时候，你往往会感到生气。

其实愤怒的目的，就是保护你。愤怒是帮助我们生存下去的必备情绪。愤怒是信使，它传递感受给你，提醒你正在发生着对你不利的情况。愤怒在告诉你，你没有得到自己想要的，你要为自己做点什么；或者，你得到了你不想要的，你要为自己做点什么。你要为自己发声。

其实当下发生的事情，带来的愤怒只有一点点。但是到最后，愤怒之所以让你失控，是因为你不断尝试压抑它，就像高压锅压到某个临界点，它就会爆炸一样。

经年累月地一层一层地叠加愤怒，愤怒就会变成一个巨大的安装着引爆器的弹药库。即使当下的愤怒只有一点点，但是当过去的所有愤怒在一瞬间都被召唤出来，你会把这一刻出现的所有愤怒都投射到当下你愤怒的对象身上。

处理愤怒的重点在于，要像打扫卫生一样，清空你过去所有存储下来的愤怒，然后它们就不再是你的一部分。下一次，当你感受到愤怒，你也只是感受到当下的事情带给你的那一点愤怒，而不像之前的山崩地裂一般有强烈的感受。而且，因为愤怒没有那么大，你会有力量去应对和回应，去表明你想要什么或者不想要什么。

使用情绪处理四步骤就可以达到这样的效果。

首先，承认自己的愤怒。告诉自己：是的，我现在很生气，甚至我还有一点失控，快要爆炸了。

其次，接纳自己的愤怒。告诉自己：我生气是因为我要保护我自己或者对我来说重要的人。

再次，感受自己的愤怒。通过深呼吸让自己安静下来，放下对愤怒的评判，去感受它们在身体里的位置、温度、形状，以及任何你此刻因为愤怒而产生的感受。如果有过去的回忆出现，就让它们呈现。就如同看电影一样，看着一幕幕的画面，如果想流泪，就让眼泪尽情地流出来。也许有的时候你会在感受中睡着，没关系，在梦中你也会继续这样的释放过程。

最后，理解自己的愤怒。之前提到过，愤怒是用来保护我们的。你可以问一下自己：我的愤怒在告诉我什么？不必着急得到答案，当你提出问题，答案会在恰当的时候突然降落到你的脑海中。

也许你不喜欢愤怒，因为愤怒会让你失控，做出让自己后悔的事情，说出让自己后悔的话。所以，你会尝试压抑自己的愤怒，忽略自己的愤怒，拒绝自己的愤怒，控制自己，不许自己生气。所以有些人是不敢愤怒的，不敢愤怒的人往往会痛恨自己软弱、无能。人为刀俎，我为鱼肉，只能任人宰割。

我们为什么会害怕自己的愤怒？不敢愤怒的人往往有着创伤经历。如果你在童年有过因为发脾气而激怒父母，然后受到惩罚的经历，你就会将愤怒和惩罚关联在一起，每次愤怒带给你的都是小时候被责打而带来的恐惧。你会担心父母可能不再爱你了，于是表达愤怒还代表了失去父母的爱。你还体会到，是你的愤怒摧毁了你跟父母的关系，那么愤怒一定也会摧毁所有的关系。

“我不该愤怒”是我们对于愤怒最大的误解。愤怒其实是我们人类与生俱来的本能，小孩子饿了就会生气地哇哇大哭。但是如果我们在成长的过程中，每次表达愤怒都会被惩罚，那么我们就不敢再表达自己的愤怒。有很多孩子会咬自己的指甲，指甲和牙齿都是动物用来攻击对方和保护自己的武器。当孩子咬指甲的时候，可能就是在表达：愤怒是不好的，我不能表达自己的愤怒，我必须得压抑它。

但是愤怒的情绪一旦形成，如果不对外表达出去，往往会转化为自我攻击。自我攻击会让我们不断地自我否定、自我评判，变成我们的负面信念，让我们缺乏自信，失去价值感，甚至严重伤害我们的身体，导致内分泌紊乱而产生各种疾病。

我们需要的是健康地去表达愤怒，既可以不伤害自己，也不伤害别人，并且通过表达愤怒，得到我们应该有的权益。

首先，正确认识愤怒。不管你是控制不住自己愤怒的人，还是不允许自己愤怒的人，都不该把愤怒看成摧毁一切的敌人。

其次，看到愤怒背后有未被满足的需求。试着进入愤怒的领地，感受一下愤怒到底要告诉你什么。当愤怒来临的时候，我们内心也许在说：这不公平，为什么要这么对我！这是我们对于被好好对待和被尊重的渴望。

最后，正确发泄愤怒。除了情绪处理四步骤，你还可以通过写日记、跑步、打扫卫生、泡澡等方式为愤怒找一个出口。发泄愤怒的原则是不能伤害自己，不能伤害别人，不做对国家和社会有危害的事。

把表达愤怒的权利还给自己吧，因为愤怒蕴含的是力量，也许你害怕这股力量会给你带来不好的结果。但是怎样使用这个力量，是可以由你来决定的。你可以用这个力量来伤害自己，伤害别人，也可以用这个力量为自己争取更多的权益，让你的生活变得更加理想。

2. 焦虑：焦虑的最佳伴侣是“想”，最大克星是“做”

瑞典著名作家弗雷德里克·巴克曼在著作《焦虑的人》中这样写道：“这年头，需要我们搞定的事情多到难以置信。比方说你得有工作，还得有住处和家庭，纳税、穿干净内衣、记住该死的Wi-Fi密码。有些人永远控制不住一团糟的生活，只能得过且过。”

焦虑应该是现代人最常遇见的情绪问题了。适度的焦虑是有好处的，它可以激发我们的动力，也可以让我们在克服焦虑的过程中，让自己的能力得到提升。但是如果焦虑影响到了正常的生活和工作，你就不得不花点时间重视它一下了。

当焦虑来临的时候，不仅仅会带来负面的感受，让人犹如热锅上的蚂蚁，抓心挠肝，不得安宁，严重的焦虑还会导致许多躯体反应，比如失眠、头疼、肌肉紧绷、胸闷、手脚冰凉、胃疼等。

可以引起我们焦虑的表面原因有很多，比如学业焦虑、工作焦虑、金钱焦虑、情感焦虑、容貌焦虑、身材焦虑……所有这些焦虑都在告诉你，你对自己生活中的某些方面不满意，但是你并没有能力解决它们。

带来焦虑感的根本原因往往是想得太多，做得太少；竞争和比较；对未来的担忧。

让我们试着逐一攻破。

（1）想得太多，做得太少。

在焦虑的人身上，最容易看到的一种现象是：想得太多，不断地担心怎么办，担心最后的结果无法承受，却在行为层面停滞不前。焦虑往往存在于行动没有发生的时候。不管你焦虑的事情是什么，一旦你能为那件事情开始采取行动，你就会大大降低焦虑的感受。

也许你会说，道理我都懂，但是我就是行动不起来。无法行动来自于对完美主义的偏执，认为一定要达到那个自己认定的结果才有价值，而自己的能力不够的时候，就会一直拖延，不去行动。

比如十天后有一场重要的考试，你还没有开始复习。如果你渴望顺利通过考试，你开始复习，焦虑的感觉会大大减少。如果你觉得考不过也没关系，干脆躺平、顺其自然，大不了下次再考，你也不会焦虑。但是如果你渴望通过考试，但是又迟迟不复习，那么这个时候你体会到的焦虑是最猛烈的。

先有完成，再有完美。如果都不开始采取第一步的行动，那么渴望的那个结果必定永远只是无法触及的空中楼阁。

写书的过程中，我时常会出现焦虑的感受，而焦虑的时候是什么都写不出来的。我会使用三个办法：

一是打扫房间。当我开始打扫房间的时候，我的焦虑感就会下降。当把房间收拾得焕然一新的时候，我已经忘记了刚才的焦虑。

二是运动。运动的好处已经多次提及了，任何情绪上的问题，靠运动都会有所帮助。你的身体永远是你最忠实的伙伴。

三是音乐。倾听一些充满力量和动能的音乐，也可以让自己从无法行动的状态中摆脱出来。跟着音乐摇摆身体，感受情绪的放松，在你感觉自己恢复了一点力量的时候，就开始为了目标行动吧。

（2）竞争和比较。

有竞争就会有输赢，有比较就会有高下，你不可能永远是赢的那一方或者永远是佼佼者。当你害怕输，你就会焦虑。况且，这个地球上有80亿人，你该如何比较？

爱因斯坦曾经说过，每个人都是天才，但如果你叫一条鱼去爬树，它将一辈子认为自己是个笨蛋。如果你是一条鱼，你是应该去跟猴子比赛爬树，还是在大海中享受游来游去的自在？

比较无处不在，从小我们就会被拿来跟别人比较，比学习，比听话，比懂事。随着我们逐渐长大，即使你不断地提升自己的学历，从小学、中学到大学，直至工作，你依然会拿同事跟自己比较。比较并不是衡量自己是否优秀的标尺，比输了不代表你不够好，但是会让你陷入深深的沮丧和失落。

所以，找到自己的赛道很重要。你不需要跟任何人竞争，你不需要为了证明自己优秀而去竞争，每一个证明的行为背后都是深深的自卑感。你要成为的不是任何人，不是童年那个永远拿满分的别人家的孩子，也不是家财万贯的富人，别人是别人，你唯一需要做的就是你自己。

把目标从超过别人改成超越昨天的自己吧。当你想要比别人更好，这样一个宽泛的目标必然会带来焦虑。你需要更加具体的细化，你想在哪方面的能力超过别人，然后就回到自己本身。为了达到这个目标，你将采取哪些行动？让自己每天都比昨天好一点，增长一点知识，夯实一点技能。每天进步1%，一年的进步就是约37倍的增长。其实都不需要这么大幅度的增长，只要我们能够肉眼可见地感受到自己跟过去的不同，你会对自己越来越满意，焦虑感也自然会越来越低。

（3）对未来的担忧。

精神分析学家比昂指出：关系的实质是看谁传递焦虑，谁承接焦虑。传递焦虑的，是关系中问题的制造者；而承接焦虑的，是在承受问题制造者的痛苦。

焦虑的性格是如何形成的呢？在家庭中，良好的亲子关系是孩子受到挫折，爆发负面情绪，父母用爱和智慧承接住孩子的情绪，给予孩子支持，并帮助孩子转化负面情绪，提出建议，引领孩子使用更好的方法去面对困难。

但是现实中，往往颠倒过来了。父母不知道如何处理负面情绪，并且不断把焦虑的情绪传递给孩子。焦虑的人往往需要通过获得控制感来让自己感觉好一些，如果工作和生活中的一切都无法控制，那么孩子就成了唯一的目标。在长期与父母相处的过程中，父母的焦虑也会逐渐内化到孩子的性格特质中。

这个带着焦虑长大的孩子，会不会在成年后的某天，突然感觉焦虑消失了，从头到脚说不出来的轻松？大概率不会。他只会在日益增加的生活压力面前，感到无法喘息的压力和焦虑，并且永远担忧着未来。

担忧未来的人，如果没有认识到自己的担忧大部分都是虚幻，那么巨大的焦虑会吞噬他生活中所有的乐趣，让他整日陷于惶恐不安之中。想要看到担忧的不合理之处，有一个很简单的方法，那就是问自己：最坏的结果可能是什么？有多大的概率会达到这个结果？在自我提问的过程中，很多过于可笑的担忧，会立刻被化解。另一个方式是使用情绪处理的四个步骤，来深层地处理焦虑的感受。

3.嫉妒：你不是见不得别人好，你只是觉得自己不够好

在《嫉妒：一桩不可告人的心事》一书中，作者非常诗意地描写着嫉妒："它是多疑而悲伤的幽灵，是残酷而卑微的激情，是埋在心底的羞耻的表露，是毫无价值却无法避免的感受。"在作者的眼中，嫉妒是一种十分正常的情绪。嫉妒之心，人皆有之。

在弱肉强食的原始社会，我们的祖先为了存活下去，需要通过嫉妒看到自己跟别人的差距。这是嫉妒对于我们的正向意义——为了让我们变得更好。但是如果嫉妒变质了，变成了对别人的评判攻击、希望别人变得糟糕的时候，嫉妒就变成了一种危险的情绪。

嫉妒会发生在以下几种情况中：当你觉得别人拥有了自己没有的东西的时候；当你觉得人生不公平的时候；当你觉得自己怀才不遇的时候；当你觉得自己很失败的时候。

嫉妒的时候，你会想着：为什么他什么都有？为什么他天天摸鱼还能升职？为什么他有那么多人喜欢？嫉妒让你眼睁睁地看着你想要却没有得到的东西，都被另一个人所拥有，而你是如此不甘心。

嫉妒让你没办法回避你内心真实的渴望，嫉妒之后会带来两种行为：一种是为了得到而更加努力，甚至不择手段地去得到；一种是对别人冷嘲热讽，同时对自己自暴自弃。

不管你选择哪种行为来处理这个渴望，当你嫉妒的时候，你不得不去面对一个重要的灵魂拷问：为什么我没有？为什么不是我？而这个问题，不小心就会变成一个陷阱。

因为这个问题本身就是无解的，一个没有答案的问题，最后很可能会让人相信：是我自己不够好，所以不是我。

讲一个亲身经历的故事。

我高中时候有一个好朋友，叫作可可。她胖嘟嘟的，既可爱又幽默，她是我枯燥的学习生活中的开心果。我每天做什么都要拉着她一起，牵着她的手，形影不离。

有一天，转来了一位新同学小金，也很快成为了可可的朋友。但是小金并不喜欢我们三个一起玩，于是让可可在我跟她之间选择一个。我紧张得一整个晚自习都无心复习，最后到了揭晓答案的时候，可可跟我说："抱歉，我选了小金。"

我不理解，为什么她会这样选，为什么我们两年的感情抵不过才转过来的新同学。可可只说了一句："你的朋友太多了，而小金只有我。"

这是我高中时代受到的最大伤害，也激发出了我强烈的嫉妒心，同时让我产生了一个巨大的困惑：为什么不是我？这个困惑一直深埋在我心中，我不停地问自己：我到底哪里不好？当我开始学习心理学之后，我也问过很多老师，但是没有人能给我满意的答案。

在一次海灵格老师的课程中，我突然明白，可可选择了小金，不是因为我不好，而是因为可可需要的唯一感，小金给了她。这无关对错，无关我好与不好，无关我有没有价值，只关乎她要的东西，谁能够满足她。

在得到这个答案的时候，我瞬间泣不成声。这不仅仅是因为我得到了这个困扰已久的答案，它还连接着我小时候的记忆。

小时候我的妈妈对我要求非常严格，我非常努力地去做任何能够让她开心的事，似乎她都无法满意。我因为得不到妈妈的爱，只能在日记中边流着眼泪边写下我的悲伤和失望。

看似一个因为朋友而起的故事，如果追根溯源，是我在向妈妈质问：为什么不是我？为什么你眼中看到的永远不是我，为什么你选择夸奖的永远不是我？别人家的孩子真的那么好，而我就那么差劲吗？

嫉妒会出现在让你觉得自己不够好的任何时刻，尤其是在感情关系中。

我的一个朋友的男朋友，因为工作需要，经常要接触很多年轻貌美的女性客户，朋友为此没少跟男朋友吵架。但是对方总是觉得是我的朋友在无理取闹，两个人的关系一度陷入僵局。

我的朋友找我哭诉，我问她："你看到男朋友跟那些漂亮的女孩子一起工作的时候，你最大的感受是什么？"朋友说："我担心男朋友移情别恋。"

我问她："那你的男朋友移情别恋过吗？"朋友摇摇头，说目前还没有。

我说："那你对那些漂亮的女孩子是什么感受？"朋友想了很久，小声地说："都是一群狐狸精，把自己搞得花枝招展干什么呢！"

我继续对朋友说："我感到这句话中有一丝丝的嫉妒。"朋友微微地点点头。

我又问："你嫉妒她们什么呢？"朋友咬了咬嘴唇："嫉妒她们年轻，漂亮，身材又好……"

我接着问朋友："跟她们相比，你觉得自己怎么样？"朋友沉默了半天，叹了口气说："我觉得自己不漂亮，不年轻，身材也不如她们，我觉得自己很没有吸引力……"

朋友说着就哭了起来。我继续问她："小时候，你的父母会拿你跟别人比较吗？"朋友点点头，开始说起了小时候的故事："我的妈妈总是喜欢夸赞别人的孩子好，不管我怎么努力，似乎都无法让她开心。我就会躲在角落里生闷气，那时候我以为我是在生气妈妈不喜欢我，后来才明白，其实我是在气我自己，为什么不够优秀到让妈妈称赞我，为什么不够成功到让妈妈以我为傲？慢慢地，我经常会拿自己跟别人比较，我努力学习，从来不肯服输，我永远在暗自跟别人比较，我坚信：如果有人比我好，那我就是一个会被淘汰的人……”

我回应朋友说：“现在也一样，你也拿自己在跟你男朋友的工作对象比较，你担心你在这场竞争中是个失败者，而失败者就会失去爱情。”

朋友继续哽咽着：“是的，我觉得我不配……”

很明显，我的朋友将童年跟母亲相处的模式带入现在的感情中，我非常理解她，因为我也曾经是一个特别容易嫉妒的人，从我那寥寥无几的对童年的回忆中，大部分事情都跟嫉妒相关。

我现在最好的闺密G，也是我曾经嫉妒的对象。我们家住得很近，只隔了一条马路，又在同一个小学。她长得漂亮，发育得又好，是所有男生心中的女神，我相信她也是所有女生集体嫉妒的对象。但是我嫉妒她的原因，并不仅限于此。还因为她有着漂亮的铅笔盒，而且每个新学期，她都会换一个更漂亮的铅笔盒。

我很忐忑地问过她：“那些不要的铅笔盒都去哪里了呀？”她瞪大了眼睛告诉我：“当然是扔了呀！”我看了看自己那个快生锈的铅笔盒，多么希望她能把不要的铅笔盒送给我，但是我说不出口。于是我开始强烈地嫉妒她，凭什么她什么都有，被所有人宠成公主，而我……

高中的时候，我又跟她成为了同学。有一天她趴在桌子上，把头深深地埋进胳膊里，我问她什么她都毫无反应。很长时间之后，她抬起头，鼻涕眼泪挂了一脸。我从没见过她那么悲伤的样子。她说她爸爸妈妈离婚了。

我惊讶得说不出话，我一直嫉妒她拥有一切，却从未想到，其实每个人的生活都有各自的苦。我再也不嫉妒她了，我开始同情她，我相信她宁愿不要好看的铅笔盒，不要所有男生的爱慕，也不愿意她的家庭就此破碎，爸爸妈妈从此形同陌路。

这是我第一次看到嫉妒是怎么瞬间消失的，当我看到我拥有的比对方多的时候，我还有什么可嫉妒的？而这不失为一个看待嫉妒的很棒的角度，你只看到别人比你更好的部分，你是否认真地细数过自己所拥有的一切？如果你拿自己的弱项去跟别人的强项比，你永远会受伤。

看到自己，看到自己的优点，看到自己拥有的，能够帮助你走出嫉妒。

我让朋友试着写下自己的优点清单，写出五个支持你过上现在生活的优点。

朋友写下了善良、温柔、勤奋、勇敢、坚定。

我问她："如果要拿这其中的任何一个去换取对方的美貌、年轻、身材，你愿意吗？"朋友摇摇头说："那些东西毕竟容易逝去。"

"是啊，爱美之心人皆有之，你担心也是正常的。但是外表的美丽想要获得并不困难，花点时间学习一些化妆技巧、穿衣打扮，实在不行还有“医美”。但是内在的品质却是一个人最宝贵的，也最难获得的东西。如果你看到你也正在闪闪发光，为何还会担心你会失去对方呢？我相信他不是因为你的外貌而跟你相爱，但是你却看不到你在对方眼中美好的样子。做好你自己就够了，你不需要跟任何人竞争。你能吸引你男朋友的绝对不只是你的容貌和身材，而是所有一切构成你这个人的美好的品质。”听完我说的这段话，朋友的表情开始轻松起来，终于露出了久违的笑容。

如果你也有同样的困惑，不妨同样写下你的五个最美好的品质，这五个最美好的品质支撑你走到现在，为你带来现在的一切，而你也许从来没有认真地审视过它们，或者感谢它们。

如果你跟我一样，曾经活得疲惫不堪，只想比别人更厉害，更优秀，你一定会嫉妒别人，因为无论你多么成功，一旦你拿全世界的人跟自己比，一定会让自己变得一文不值。不比较，是一条通向让自己心安的路。

以上几个小故事，是否可以启发你对于嫉妒有更深的理解？以下是关于嫉妒的处理方法：

嫉妒让你看到自己未被满足的需求。如果你并不知道自己渴望什么，就去看看自己嫉妒什么吧。

让你嫉妒的是事情的结果，而你需要把注意力放在别人如何达到的方法上。你没有付出别人所付出的努力，为何想要得到别人一样的结果？如果能够把嫉妒转化成让自己更好的动力，那么你离这个渴望的结果也会越来越近。

别只看到别人拥有的，更要看到自己拥有的。试着去看到事情的全貌，也许此刻对方拥有着让你望尘莫及的事物，但是你也同样拥有别人梦寐以求的东西。

通过嫉妒疗愈童年的创伤。大部分经常嫉妒的人，内在都隐藏着自卑。如果能够通过嫉妒这条通道来疗愈自己的自卑，那么嫉妒就会变成最有价值的情绪。

打开眼界。如果你的格局很小，如同井底之蛙，你必然会容易产生嫉妒之心。因为这意味着资源是有限的，对方有了，你就没有了。如果你体验过海纳百川的胸怀，你就不会因为谁拥有更多一点而耿耿于怀。

善用量子物理学中的“观察者效应”。如果你身边的朋友、同事经常有好事发生，虽然不是发生在你的身上，但是我想恭喜你，你也离这些好事不远了。如果你能理解，根据“观察者效应”，你看到的世界是跟你同频的、被你吸引而来的，是你意识的创造物的话，你会开心地祝福每一个心愿达成的人。因为也许下一个就是你。

最终我们看到，能驱散嫉妒的法宝是——爱。爱那个不够好的自己，爱那个不够完美的自己，爱那个偷偷嫉妒别人的自己。当我开始爱自己的时候，我不再羡慕任何人。我看到别人很好，但是我也不差。我看到别人很美，但是我也同样充满魅力。带着对自己的欣赏，我终于可以发自内心地祝福别人。

爱应该去哪里找呢？爱是所有生命共同渴望的，但是却又寻不到踪迹。我曾经觉得自己是一个不被爱的人，虽然我已经得到太多，但是我从来不认为那是爱。我想，或许我们对爱有着近乎执着的定义，比如一定要某个人的爱，一定要用某种方式表达，除此之外，都不是爱。不符合我们定义的爱，我们瞧都不瞧上一眼。或许只有在失去的时候，我们才意识到自己从未珍惜过。

直到有一天清晨，我醒过来，看见阳光透过窗帘照耀在床尾，太阳每天东升西落，为地球上的一切万物提供阳光和温暖，这是否是一种爱？我的被子伴我度过寒冷的长夜，温柔地呵护着我，这是不是一种爱？我的房子为我遮风挡雨，这是不是一种爱？我目光所及的一切，我都感受到了爱。

还有水、空气，没有它们，我们的生命早就不复存在。而我们赖以生存的一切，都在向我们传递着爱啊。

一股深深的感恩之情油然而生，爱就是会在这些不经意的时刻来到。如果你发现了爱的蛛丝马迹，记得把这种爱的感觉深深拥入怀中。爱会带来希望，让我们可以充满动力地不断成长和完善自己。

4. 悲伤：真切而纯粹的悲伤，是告别过去的必经之路

在心理咨询工作中，我面对的最多的负面情绪之一，就是悲伤。而我们最不擅长面对的，往往就是悲伤。

有一个很美的绘本，叫《给悲伤一个庇护所》，封面上有这样一句话：每个人的悲伤都值得温柔相待。作者通过这本书表达了只要我们愿意接受悲伤的存在，学会拥抱悲伤，最终会带着悲伤一起走出庇护所，一起拥抱美好的世界。作者安妮·布斯曾说，若人人都能诚实勇敢地承受悲伤，如今充满世界的悲伤就会减少。当你给了悲伤所需要的空间，你就可以真正地说出：生活是如此美丽，如此丰饶。

悲伤，常常发生在我们痛失所爱，但是却无能为力的时候，是我们心中最柔软的部分在受伤流血。悲伤的时候，仿佛灵魂被掏空了一般，让人变得眼神空洞，目光呆滞，反应迟缓，自我封闭。巨

大的、突然袭来的悲伤，甚至会让人连眼泪都流不出来。

悲伤，代表着某种失去。不管你失去的是什么，它都是你觉得重要、喜欢并且不舍得失去的。但是因为某种原因，你不能再拥有它。悲伤有很多种，有的悲伤是弥散的，像雾一样灰蒙蒙地笼罩在心里。有些悲伤像一把斧头，快要从胸口将人劈成两半。悲伤带给我们的感受实在太糟糕了，使得我们往往只会粗暴地对待悲伤，想把悲伤赶尽杀绝。

悲伤并不是一种单一的情绪，而是在我们遭受创伤事件后，内心所经历的一个阶段。所有的悲伤状态都有一个完整的过程，美国心理学家伊丽莎白·库伯勒·罗斯在其著作《论死亡与临终》中，提出了悲伤的五个阶段模型。

第一阶段：否认。

在接收到悲伤的、痛苦的、灾难性事件的信息时，比如一段关系的结束，我们会先否认事情的发生。不会吧？就这样分手了？不愿意面对现实其实是一种自我保护的方式，给自己一个缓冲阶段使自己不会被巨大的痛苦吞没。

第二阶段：愤怒。

当我们没有办法继续欺骗自己的时候，因为痛苦带来的冲击太大，所以会将内心的挫折感投射到他人或者自己身上，这个时候会体会到巨大的愤怒，有时候是对别人，有时候是对自己。他凭什么这样对我？我太傻了！这不公平！愤怒是悲伤过程中的正常反应，允许自己生气，也允许自己表达愤怒，是这个阶段的重要功课。

第三阶段：妥协。

愤怒过后，我们开始祈祷结果不要那么坏，或者晚一点到来。愿意妥协自己的行为或者想法，以换得一些改变。或者跟对方讨价还价：我可以做任何改变，只要你不离开。

第四阶段：绝望。

在这个阶段我们不得不面对失去的事实，了解到似乎怎么做都于事无补。于是痛苦再次袭来，这时候的痛苦会让人变得脆弱、消极、败下阵来。所以要非常小心，避免通过做损害自己身体健康的事情来对抗这种感受，比如酗酒、暴饮暴食等，甚至走入极端。

第一种极端：报复他人——我那么痛苦，我也要其他人品尝到我的痛苦。

第二种极端：报复自己——都是我不好，我太差劲了，我永远都不原谅自己。这样会很容易导致抑郁状态。

第五个阶段：接受。

这个阶段我们开始变得冷静，领悟到人生无常，从这段经历中学到了经验和教训，平静地看待这段经历给你带来的痛苦感受，进而学会放下，重建生活，开始新的旅程。

不管是什么程度的悲伤，都需要你看见，需要你明白，你该做的就只有一件事：接受事实，认真地跟过去告别，然后放手，开始新的生活。

我们都决定不了事情的开始和结束，但是我们仍然希望事情能够按照我们希望的方式发生，于是我们拒绝放手。我们紧紧抓住过去不放，让悲伤成为了连接回忆的纽带。只要悲伤连接着过去的回忆，即使我们沉浸在悲伤中，就仿佛一切还在继续，没有结束。

悲伤的人会把自己囚禁在自己内心的牢笼中，让悲伤不断喂食你过去的记忆。如果只有回忆能够剩下，那悲伤的痛就显得不值一提了。而这样的执念，让我们一直沉溺在悲伤之中。

其实处理负面情绪问题并不难，难的是你的决定：是否要让自己好起来。如果在看这本书的你，此刻正在经历悲伤，你可以允许自己继续处在悲伤之中，你也可以选择忘掉过去，开始全新的人生。无论你怎么选择，我都会通过这本书陪伴着你。

每一个人的一生都会经历挫折和失去。当我们失恋、失业，或者失去原有的生活方式，都会让我们感觉到悲伤。因为它让你感受到的不仅是当下失去的悲伤，更会激活过去重要的创伤经历。

也许你过去也经历过跟失去相关的悲伤，小到失去了心爱的玩具，大到失去了心爱的人。而当时没有处理的悲伤，就如同未曾扔掉的垃圾，随着时间的流逝而变得腐烂，你逃开了所有痛苦的感受，以为时间这剂良药可以抚平一切，却不料悲伤已经变成印刻在潜意识里的深层记忆。

但是当你再次经历失去的时候，所有的过去未曾处理过的感受，全都一股脑地涌到你的面前。任凭你怎么抗拒，悲伤都如影随形。悲伤代表着你不舍得放手，悲伤代表着你感觉到失望，而这一切都因为，你将幸福的钥匙交给了别人，你觉得只有拥有了你渴望的人，你想要的东西，你向往的工作，你才能快乐。

真的是那样吗？拥有了你想要的就会幸福吗？

从小到大，你一定经历过心愿得到满足的时刻，比如得到了想要的礼物，拥有了渴望的恋人。在那一刻你是幸福而满足的，但是很快，这种感觉就会慢慢消失，然后你又开始有了新的想要的礼物，跟恋人之间也开始纷争不断。这都是因为，你从未拿回让自己幸福的力量。

如果你不拿回自己的力量，这世界会有多少让你失望的事，让你伤心的人？你又要经历多少沮丧，多少绝望？人最悲伤的，其实是失去了自己。你把自己寄托在外界的人、事、物上，犹如在海浪上摇摇晃晃的一艘小船，你永远无法安心。当你失去了这些，你就觉得自己也被带走了，自己的幸福也被带走了。

悲伤看似令人脆弱，却在其中隐藏着你没有拿回来的力量，你不相信你自己可能成为一个幸福的人。而悲伤，就是要告诉你，你已经失去了自己，你放弃了自己的力量，放弃了人生的主动权。

很多人在悲伤的时候，会做一些伤害自己的行为，以此证明自己的悲伤。比如酗酒、暴饮暴食，甚至生病受伤。这些都是我们试图否认悲伤、对抗现实的行为。这样的行为会耗干我们的生命力，让我们连活下去都感觉困难。

想要告别悲伤，其实告别的是不愿意接受现实的自己。你无法接受人生的无常，无法明白聚散离合是人间最普通的事情罢了。

著名心理学大师海灵格有这样一首诗《我允许》，如果你始终无法接受现实，也许这首诗可以叩开你的心扉。

我允许任何事情的发生，
我允许，事情是如此的开始，
如此的发展，如此的结局。

因为我知道，所有的事情，
都是因缘和合而来，
一切的发生，都是必然。
若我觉得应该是另外一种可能，
伤害的，只是自己。
我唯一能做的，
就是允许。

我允许别人如他所是。
我允许，他会有这样的所思所想，
如此的评判我，如此的对待我。

因为我知道，他本来就是这个样子。
在他那里，他是对的。
若我觉得他应该是另外一种样子，
伤害的，只是自己。
我唯一能做的，
就是允许。

我允许我有了这样的念头，
我允许，每一个念头的出现，
任它存在，任它消失。
因为我知道，
念头本身无意义，
与我无关，
它该来会来，该走会走。
若我觉得不应该出现这样的念头，
伤害的，只是自己。
我唯一能做的，
就是允许。

我允许我升起了这样的情绪。
我允许，每一种情绪的发生，
任其发展，任其穿过。
因为我知道，

情绪只是身体上的觉受，

本无好坏。

越是抗拒，越是强烈。

若我觉得我不该出现这样的情绪，

伤害的，只是自己。

我唯一能做的，

就是允许。

我允许我就是这个样子。

我允许，我就是这样的表现，

我表现如何，就任我表现如何。

因为我知道，外在是什么样子，

只是自我的沉淀而已。

真正的我，智慧具足。

若我觉得应该是另外一个样子，

伤害的，只是自己。

我唯一能做的，

就是允许。

我知道，

我是为了生命在当下的体验而来。

在每一个当下的时刻，

我唯一要做的，就是全然地允许，

全然地经历，

全然地享受。

看，只是看。

允许一切如其所是。

如何在悲伤中重建自己的力量呢？让我用情绪释放四步骤带你跳进悲伤的河流中，对过去的经历来一场真正的告别吧。深入悲伤的领域，在悲伤的土地上开出鲜艳的花。

第一步：承认悲伤。

不管发生了什么事情，不管你多么不愿意接受，它就是发生了。承认事实固然不易，但是对抗事实又能得到什么呢？

悲伤的人啊，你没有被捆绑，你也没有被束缚，阳光一直在那里照耀，是你选择让自己躲在阴暗的角落。我们永远无法让时光倒流，当下发生的每一刻就已经定格在这一瞬间。

不管多痛，告诉自己，放下抵抗，别再去追问为什么会这样，凭什么是我。当你穿越了悲伤，你会有智慧明白这一切的原因。过去已经不可改变，但是现在的你会影响未来。

第二步：接纳悲伤。

允许悲伤这股强大的力量涌进你的内心吧，悲伤本身伤害不了你一分一毫，它只是一种感受，只是这种感受让你无比恐惧，因为你不熟悉它。别担心，打开门，让悲伤进来，把悲伤当作来探望你的朋友吧。

第三步：感受悲伤。

让自己安静下来，与悲伤待一会儿。你什么都不用做，也不用努力，只是安静地感受悲伤，也许你会觉得心烦意乱，你会听见脑海中各种各样纷乱复杂的念头和想法，你会感觉无法安静下来，你会想要逃跑，想打开手机刷刷无聊的八卦新闻让你摆脱这些痛苦的感受……

所有呈现出来的感受，都允许它们存在。你要做的只是看着这一切，如同看电影一般，感受它们的来来去去。如果你想流泪就流泪，想喊叫就喊叫。唯一的原则就是不可以做伤害自己和伤害别人的事。

也许还会有很多过去的记忆出现，而当这些记忆出现，其实就找到了让你感受到悲伤的真正根源。

在我做过的众多个案中，有一个女孩子让我记忆非常深刻，她很多年都无法走出分手带来的悲伤。我让她坐在一个椅子上，对面放着另外一个空的椅子，让她想象她的前男友坐在这把空椅子上。她开始放声大哭，哭到不能自已。我问她最想跟分手的男朋友说的是什么。

她不断重复着一个词：对不起，对不起，对不起……

我继续让她把所有想对对方说的话都说出来，她开始彻底进入释放悲伤的流程。这些悲伤下面，是一直深深埋在她心中的愧疚和自责，让她无法从这段痛苦的回忆之中走出来。她也从未给自己寻找到一个出口释放这些伤痛，而她需要的，看似是对方对她的原谅，其实是她对自己的原谅。

她不原谅自己，所以她用这样的方式惩罚自己，她不允许自己好过，她心甘情愿地把自己囚禁在痛苦的监牢中，似乎用这样的方式才能赎罪。

当她慢慢释放掉了那些压抑的巨大的情绪，她慢慢平静下来。我问她："你是不是觉得自己做了错事？"她点点头。我继续问她："小时候你做错事的时候，爸爸妈妈是怎么对待你的？"她陷入了回忆中，慢慢地，她的表情开始扭曲，捂着脸哭了起来。

她说："小的时候我是不被允许犯错的，每次犯错，都会遭到妈妈的严厉惩罚。所以慢慢地，我要求自己绝对不能犯错，即使长大了，离开妈妈身边独立生活，一旦我做了自己认为错误的事情，就会像妈妈那样惩罚自己。"

这些陈年的负面情绪就像下水道中淤积的垃圾，让生命变成一潭死水，没有办法继续流动。而感受情绪，就是一个疏通的过程。

第四步：理解情绪

分手的悲伤，让她认为自己犯了错误，于是她惩罚自己。就如同小时候犯了错，妈妈惩罚她一样。悲伤把现在的她跟小时候的她紧紧连在一起，告诉她：在童年，你有着未经处理的伤痛，而此刻，是时候回去疗愈受伤的自己了，然后拿回自己的力量。

这个女孩子要告别的，不仅仅是分手的伤痛，还有小时候被妈妈惩罚，让她感觉自己很糟糕以及不被爱的创伤。女孩说，她每一刻都在自责，这种自责的感觉从小时候就有。因为她没有让妈妈开心，她只会惹妈妈生气，她什么都做不好。

她是一个非常温柔善良的女孩，如果悲伤可以说话，我想悲伤要告诉她的一定是：请停止责备自己，请看到你自己有多美好。

悲伤指向了她没有放下的过去，也指向了她没有拿回来的力量。因为一个一直责备自己的人，一直讨厌自己的人，何来的力量呢？都没人打倒你，你就先被自己打倒了啊！

我也曾经在巨大的悲伤之中看到了弱小无助的自己，她抱着双腿，蜷缩着在黑暗中哭泣，我每天都会找个时间去看她，在想象中拥抱她，带她去玩，让她一点一点开心起来。神奇的是，在这个过程中，我也慢慢获得了踏实和安定的感觉。痛苦的根源，往往都来自那个在你心中一直呼救的内在小孩。她投射出了你跟自己的关系。

如果你在这个过程中看到小时候的自己，也许她很弱小，也许她很受伤。请别不知所措，把她当作你最爱的人来对待，好好拥抱一下小时候的自己。记得告诉她，你已经长大，你会保护她，你会爱惜她。让她牵着你的手，一起从阴暗潮湿的牢笼中走出去。

悲伤是个需要慢慢缓解的关系，别操之过急，也别做了几次练习之后，觉得没有太大效果就感觉悲观失望。冰冻三尺非一日之寒，虽然化冰的过程不需要那么久，但是也是一点一滴融解的过程。

允许自己或者你想帮助的人停留在悲伤中一段时间吧，更不要劝说一个处在悲伤中的人尽快走出悲伤。悲伤需要的不是催促，而是陪伴。在电影《头脑特工队》中，小象因为丢失了跟主人一起的美好回忆而大哭不止，快乐不断地安慰小象："没有关系的，高兴一点呀。"小象反而越哭越厉害。忧伤去到小象身边，跟他说："我知道你现在很难过，我陪着你。"小象却因为这样的陪伴，而得到了安慰和力量。

就如同你在一条黑暗的隧道中探索，这个过程并不容易，但是经历了悲伤的洗礼，你会更加领悟到什么是生命的礼物，你会变得更加坚韧和成熟。悲伤的尽头是接纳和转化，是一个人化茧成蝶的蜕变过程。当你完整地走过一次悲伤，悲伤的使命就完成了，而你得到的也是全新的、更加有力量的自己。

有一位智者曾经说过这样一段话：有时候唯一要做的事情就是等待，种子已经种下去了，小孩已经在子宫中成长，牡蛎正在一层一层地包住一粒沙，使它成为一颗珍珠。在宁静和等待之中，你内在的某种东西会继续成长。

无论你选择什么，带着你真正的意图去选择。并且我希望在你准备好要走出悲伤的时候，这本书的内容可以陪伴你，带给你支持和勇气。

5.后悔：即使重来一遍，你依然会做相同的选择

小时候，我们常常听到长辈教育我们说：早知今日，何必当初？当我们得到了一个不想要的结果，就会不自觉地希望回到那个做选择的起点，然后选择另外一条路。我也曾经无比渴望拥有一只哆啦A梦，坐上时光机，可以任意回到过去后悔的时刻。

你会后悔吗？在什么情况下会后悔？

如果你对现在的生活不满意，你会把解决方法寄托在一种情绪上——后悔。仿佛说着：要是我当初……，现在就会更好；要是我当初没有……，现在就不会这样了。

后悔代表了理想中的结果和现实之间的差距。当我们不满意已经做出的行为和决策带来的结果时，就会妄想着改变当时的选择，获得比现在更好的另一个结果。

然而，真的是这样吗？你是否想过，如果你改变当时的选择，万一结果会更糟呢？毫不夸张地说，无论过去怎么选，现在的你都会后悔没有选择另一种可能。就如同你进入迪士尼乐园，有数不清的好玩的项目，但是你只有一天的时间，总有你无法玩到的。到了晚上离开游乐园的时候，那些没有玩过的项目，就变成了你心中的遗憾，你总会念念不忘地猜想着，也许另外那些没玩过的才是更好玩的。

后悔包含了两个要素：

一是我们曾经做出的决定。这个决定带来了现在不想要的结果，于是我们感觉到遗憾。

二是想象。想象带我们穿越回过去，你做出跟当时不同的选择，然后未来就会发展成为我们理想的样子。这个假设的前提是，只要我选了当时没选的那条路，得到的结果一定会比现在好。然而，这是真的吗？这种想法只是一种可能性，而你却把可能性当作必然。

你没选择的那条路，真的就如你所愿般完美吗？后悔只是一个完美的托词，当你不喜欢某一刻发生在生活中的时候，你就会后悔。把期望寄托在我们没有做出的另一个选择中，是为了逃避面对当下你必须要面对的问题。

回想十年前我患上抑郁症的时候，我想不通为什么我千挑万选的结婚对象，却让我如此痛苦。我无比后悔，但是已经没有回头路可以走，逼得我不得去面对现实中的问题，哪怕我始终不想承认，我需要为自己的行为承担结果。

我是一个很怕犯错的人，犯错对我来说充满了恐怖的回忆。挨打挨骂都是家常便饭：小时候作业写得不整齐，整个本子都被妈妈撕了让重写；考试没考好，妈妈一个月没跟我说话；还有一次不小心打碎了杯子，我急于把玻璃碎品收拾干净，就放在手上，去垃圾桶扔碎片的时候，妈妈迎面出现，她没看见我手中的碎玻璃，拿着扫帚愤怒地打在我的手上……

所以，我常常希望我做的每一件事都是对的，是完美的。我甚至不敢在跟朋友一起出去玩的时候点菜，因为我坚信一旦我做得不对，或者不完美，就会出现糟糕的结果。

而我也发现，这个命题似乎逆向推导也可以成立：一旦出现糟糕的结果=我做错了什么。

所以，每当我经历了不好的结果，我都会觉得一定是我做错了什么事。但我并不知道该如何解决目前出现的问题，所以我唯一能做的就是后悔，希望能回到当初做决定的那个时刻，去做另一种选择。

我饱尝了后悔的苦，但是人生并没有什么新的起色。我依然在一个痛苦的漩涡里兜兜转转，因为我没有明白后悔要教给我的智慧。

后悔要教我什么？后悔要教我的是：别再逃避，请为你的人生负起百分百的责任。因为害怕犯错，我人生中的大部分选择都是依赖于父母为我决定的。小到买什么衣服，大到读什么大学。如果出了问题，我都可以事不关己地说：不是我想这样做，而是爸爸妈妈要求的。

这样的生活，看似轻松，可真的是我想要的吗？当我变成了父母希望我变成的样子，他们很满意，而我似乎从未喜欢过我自己。

如果你也曾经跟我一样，我想邀请你也真诚地问一下自己，这样的生活真的是你想要的吗？

也许你会说：不是，但是我没有改变的勇气。

对，那也是我曾经的想法。我们都习惯了待在舒适区，尽管它不舒服，但是它让我们觉得安全。但是生命永远有一种打破桎梏的冲动，它会用很多方式来告诉你，你走错了路。

每个人面临的挑战看上去千差万别，但是本质上却大同小异。目的就是让你感觉到痛苦，并且当你痛到无法忍受的时候，让你被迫寻求改变方式。

而每个人都会经历一个人生非常关键的转折点，大部分人会在27或者36岁左右，这个年龄不是绝对的，因为这个阶段是人的心智相对成熟、身体也相对健壮的时候。它让你审视过去，让你重新认识自己，让你不再稀里糊涂地进入未来。

后悔的最重要的意义是，它反映出你想要的生活，当你理解了你在后悔什么，你就理解了你最想要什么。

我的先生说他最后悔的事情是，当他考上了清华建筑学的在职硕士，他没有去读。那个时候他面临两个选择，一个是与合伙人一同成立设计事务所，一个是去读书。他最后选择了前者，然而后者却变成了他心中永远的遗憾。

我相信他真实的生命需求是去清华深造自己，但是他出于一些“现实的原因”选择了成立公司。而我们所有的选择，都是基于我们在那一刻的认知来决定的。

那个时候，他有充分的理由说服自己放弃读书：建筑行业市场飞速发展，有好几个大的客户，如果就这么放掉实在太可惜，而读书却是一件什么时候都可以去做的事情。

这就是我们的价值判断，当我们衡量了得失，我们就会去选择一个对当下最有益处的选择。每一个选择都有利有弊，你不能在当时享受了其中一个选择的甜头，却念念不忘另一个选择可能给你带来的好处，甚至对放弃另外的选择深感遗憾。人的本性都是趋利避害的，即使没有经过深思熟虑的思考，你的潜意识也早于你的意识7秒钟，帮你做好了决定。

所以，每一个决定一定是最适合当下、此刻的自己的。当然从更长远的角度来看，它未必是最佳选择，只是我们还不足以具备那样的智慧去看到未来，如果你期望自己每一个决定不管是当下还是未来，都是所谓完美的，那就是痴心妄想。因为未来，你会改变，环境会变，你的价值观会变，你的选择也自然会变。

你如何要求当年的自己能够熟知现在的你，以此来做每一个选择？

所以后悔是一件很无意义的事情，后悔唯一的好处就是让你可以把责任推脱给过去的自己。但是同样，未来的你也会对今天的自己感到后悔。所以别再让自己进入这个后悔的怪圈，是时候打破这个循环了。

如何中止后悔的重复模式呢？

首先，认清楚你正在抗拒当下生活中发生的事情，也就是你的生活出了问题，无论那是什么，都已经让你不再开心。可能你过去的处理方式是把责任推给别人或者过去的自己，因此你就不必为现在的生活负责。一个很重要的转念就是：明白并且承认，你需要为现在的人生担负起百分之百的责任。

我知道这不容易，当一件事情被我们认为是好的，我们很容易并且很愿意去承认——这是我的功劳。但是如果一件事并不值得称赞，再想去承认——我应该为此负责，是极其难以开口的。

但是这是唯一的途径，如果你无法承认现在的生活跟现在的你相关，就意味着你对这件事失去了控制权。因为只要你能创造现在的一切，就意味着你也可以创造出另外一些什么来改变它。

其次，你要明白即使你回到过去，回到同样的情景，同样的认知水平，拥有同样的人生观、价值观，你只会做相同的决定。那时候你已经用尽全力做了能做的最佳选择，你会明知有更好的选择而不去做吗？如果你用多年后的现在、你已经成长了的观念去评判过去，苛责过去的自己，那样真的太不公平，因为你悄悄修改了选择的变量：现实环境＋价值观＋经验＋需求＝选择。当初的你不会有另外的路可以选，你可以理解为，把所有的变量综合在一起之后，必将指向当初的那个选择。

如果你留意一下你当下的每一个选择，小到吃什么，大到选择什么工作、什么样的伴侣，都是经过你仔细权衡过的。如果清楚地意识到这一点，你会重新审视自己的“后悔”。

最后，回到现实中，去观察那些让你后悔的事，都是哪些。比如我先生后悔没有去清华读硕士，那去清华读书会给他带来什么？这就是他目前现实生活中欠缺的部分。

跟他探讨的过程中，他说如果去清华读书，会带来更广的人脉、更高的平台，以及个体更大的价值。

所以这就从情绪层面进入了解决问题的层面。接下来就不用浪费时间去跟后悔的情绪消耗，只需要去思考方法、策略，去满足自己的需要就可以了。

如果你是一个经常容易后悔的人，建议你去到福利院里，看一下那些生命已到迟暮之年的老人们，当你从他们的眼睛中看到遗憾，你会明白什么叫作来不及。他们已经不能随心所欲地使用身体，甚至有的老人生活已经不能自理。所有那些未完成的人生梦想都已经远去，别在那个时候才后悔。

把后悔转化成创造的力量吧，你已经知道了自己要什么，趁你的身体还能行动，去完成你的渴望吧，当你尽力过，才会不留遗憾。如果你因为错过太阳而哭泣，那你也将会错过漫天繁星。

没人可以倒退回过去，但是任何人都可以从现在开始并且创造一个想要的未来。

6. 恐惧：恐惧的背面是通往幸福之路

从小到大，我都是一个充满恐惧的人。这里的每一个情绪，我之所以那么了解它们，是因为它们从小就一直伴随着我，手牵着手，围成一个圈，把我围在中间。我之所以会得抑郁症，也早有征兆，我必须要学会如何跟这些情绪朋友们友好相处，而不是让它们淹没我。

回望我们的恐惧，我们或许害怕考试失败，害怕陌生的环境，害怕上台演讲，害怕失败，害怕被评判，害怕拒绝别人……每一个恐惧的背后都有着跟痛苦相关的记忆，而这个记忆又创造出新的恐惧，让我们尽量避免再去接触这些事情。

恐惧会在你做一件事之前就吓唬你，让你相信自己不可能做好，也不可能做到。这是恐惧对我们的保护，因为恐惧在提醒你，这样做是不安全的，会让你陷入危险之中！

恐惧不是一个客观的存在，是我们在面对某些事情时的主观感受。恐惧大部分时候并非因为我们正在经历着性命攸关的现实，而是来自我们的想象。你可以把它理解为，在我们脑海中上演的恐怖电影。

有几次我的大儿子从外面回来没有洗手，我爸爸就开始在脑海中上演恐怖的剧情：如果不洗手，手上沾满细菌，然后吃到肚子里，就会引发非常严重的疾病，然后就需要去住院……

我本来也在催促孩子洗手，但是我爸爸说出的这一连串因果关系，更加让我好奇。洗手当然是好习惯，但是为什么不洗手会发展到那么严重的程度？

我不知道我爸爸曾经经历过什么，会让他的大脑创造出这样一部恐怖的电影。但是我记得小时候的我因为打碎了一只玻璃杯，被妈妈惩罚而受伤。在那之后很多年，我看到玻璃制品都会感到害怕，手上的伤口仿佛隐隐作痛地提醒我犯过的错。让我们恐惧的不是事情本身，而是跟那个事情相关的痛苦记忆。恐惧的感觉是在提醒你，关注一下那个瑟瑟发抖的自己。

很多人都说要战胜恐惧，可是如果恐惧来自于想象，你该如何战胜一个并不存在的事物？你只需要明白，没发生过的事情就是没有，关于恐惧的幻象就会被削弱许多。

恐惧一边保护着你，一边也变成了牢笼，将人困在其中。走出恐惧，才能开启新的人生。所有你恐惧的事情，都会反复出现，直至你愿意面对它。因为给我们的人生带来巨大转变的，往往是最让我们恐惧的事。

在《被讨厌的勇气》中，有这样一句话："恐惧是推动人类进步的动力。"恐惧既可以成为你的阻力，也可以成为你进入全新生活的向导。当你真正穿越了恐惧，新世界的大门将为你打开。

我花了十年的时间研究情绪，而其中最难以搞定的就是恐惧。直至现在，我都还经常要去面对内在恐惧的感受。我知道这是因为我内在的恐惧还没有完全释放完毕，而现实中发生的事情，只不过给我一个面对恐惧的机会。恐惧也是我最晚开始去面对的情绪，因为恐惧本身就足够让人恐惧了。

如果其他情绪让你感觉到的仅仅是痛苦的程度，当恐惧出现，我们可能瞬间被吓瘫了。就像把头埋进沙子里的鸵鸟，如果你不是忙着逃避，而是稍微把紧闭的双眼张开一条细缝，去看一下你到底在恐惧什么。一旦你开始质疑，你为什么这么恐惧的时候，恐惧就变得不再那么可怕。

我们的每一次恐惧，如果你顺藤摸瓜，都会在过去找到一个让自己深深受伤的链接点。

从我能记事起，我就特别胆小，我几乎什么都害怕，我怕黑，如果晚上不开灯，我只敢蜷缩在床上。如果实在忍不住要去厕所，我总是觉得当我摸到门把手的时候，会摸到另一只干枯的手。

我还害怕当众说话。即使是见到亲戚，我也会害羞地躲到爸爸妈妈身后。我不给自己任何可以当众表现的机会，直到高中，我被迫代表班级参加学校的诗歌朗诵比赛。当我看着台下黑压压的人，我的头脑一片空白，胸口像堵了一块巨大的石头，我想说话，却发不出声音。最后，我落荒而逃。

接下来的几个星期，我都恨不得消失在人们的视野中。我深深地低着头走在校园中，只要有路过的人，我都觉得他们在议论我，嘲笑我……我恨不得找个地缝钻进去，来安放我的羞耻感。

好不容易让这件事过去，但是我已经下意识地告诉自己：我再也不要出现在舞台上。接下来的二十多年，我躲避一切让我登上舞台的机会。但是之前说过，生命的目的是让自己得到圆满，即使你恐惧，即使你不愿意面对，生命一定会把这个课题重新摆在你的眼前，让你重新审视和面对。

我们终其一生都在面对恐惧。我很喜欢电影《沙丘》中对于恐惧的描述：

恐惧是思维的杀手，
恐惧是带来毁灭的小小死亡，
我要直面我的恐惧，
让它从我身上穿过去，
当一切过去了，
我要用内在之眼来看清它的路径，
当恐惧所剩无几，
唯我独存。

这段话用来形容恐惧真是太合适不过了，当我们恐惧时，我们的理智全部消失，而且恐惧会让我们感觉到好似在面临死亡。这就是我们深深恐惧“恐惧”的原因。如果你能够理智地去审视恐惧，就会发现，我们对于所恐惧的事物的恐惧往往不符合逻辑。

处理恐惧最好的方法，依然是情绪释放四步骤。它经过了我无数次的尝试，我也教给了很多人，他们给我的反馈是真实有效的。

我相信你已经可以比较熟练地使用它了。先让自己放松下来，可以深呼吸几次，只要你找到害怕的感觉，不管是心理上的感觉还是身体上的感觉，就让自己开始去感受它。阻碍你感觉害怕感受的其实是你对害怕的害怕。这个害怕让你想尽办法地远离恐惧感，因为我们的保护机制希望我们远离恐惧，所以此刻不管你出现什么感受、念头，都试着让自己去看到。

去年有个重要的面试，需要我在几位著名的心理学专家面前试讲课程。在面试的头一天晚上，我无法入睡。我盯着天花板，感觉浑身被捆绑住一样，一动也不能动；又好像爬满了最恶心的虫子，让我害怕到说不出话。胸口就像压着巨大的石头，让我无法喘息……

我极度想要逃离这种感受，我甚至跟自己说：放弃面试吧，我感觉快要死了。但是隐约中，又有微弱的声音指引我，让我去面对这个恐惧。

我试着深呼吸，试着不再抗拒恐惧，而是去感受恐惧，我的身体不停颤抖，手脚冰凉，大颗的汗珠不断冒出。恐惧的感觉如此强烈，甚至我以为那一刻，我会死去。

当这种感受达到最顶峰的时候，它开始慢慢地减弱，而我的脑海中，浮现出了无数的画面：妈妈对我的责备，诗歌朗诵比赛的窘境，我对自己的失望……我睁着眼睛看天花板，眼泪哗哗地从我的眼里涌出，而最后，我看到了高中的自己在向我呼救。

我看到她站在舞台上，大颗的汗珠冒出，双手卡住自己的喉咙，张开嘴巴却说不出话。她渴望谁来救救她，保护她。但是我做的事情却是不断谴责她，我从未安慰过她。我从未看到她的艰难，我只看到她犯了错，而我对她做了最残忍的事。

原来我一直在伤害着自己，而这些伤害就是恐惧的来源。这些恐惧告诉我，我并没有从过去的阴影中走出来，我并没有善待自己，我也没有原谅自己。

如果一个人想要幸福，但是却带着对自己的不满、批判以及谴责，又该怎么打开幸福的大门？

恐惧，仅仅是因为你害怕得到你不想要的结果。而穿越恐惧的过程，就是直面那个害怕。

你害怕什么？生命就是一趟让自己得到圆满的旅程，任何你恐惧的事情，都是你没有拿回的力量，而它会变着花样反复出现，直到你愿意直面它。

有趣的是，当你开始行动，恐惧就失去了威力。有一部电影名叫《我的一百种恐惧》，主人公25岁，生活中那些平常的事情都会让她如坐针毡，她不敢跟喜欢的男生表白，害怕水，害怕狗，害怕坐飞机……最后她为自己列了一份恐惧清单，去真实地尝试每一件她恐惧的事情，从坐船到下水游泳，从坐飞机到打耳洞。这个过程并不容易，她也想过退缩，她不断担心自己搞砸了怎么办，但当她坚持走下去，最终收获了生命的礼物，破茧成蝶的她活出了熠熠发光的想要的人生。

行动会突破恐惧的牢笼，也许你知道了这个道理，却依然无法行动，因为你不知道应该从哪里开始第一步。你可以使用这个方法帮助你探索答案。

在焦点治疗的流派中，有一个奇迹问句：假设奇迹发生，你的目标实现了，倒推回到最开始，你的第一步做了什么？想要行动的前提是，你已经想到了这一步。如果想都想不到，当然就无法行动。

奇迹问句可以用于任何你想开始一件事，但是不知道该怎么做的时候，专治行动困难户。比如刚才提到的我参加面试的案例中，当我做完了情绪释放的步骤，开始慢慢平静之后，我可以问我自己：如果明天奇迹发生，我顺利通过面试，此刻我应该做些什么？答案是赶紧睡觉，明天才会有饱满的精神状态参加面试。

在我们人生的旅途中，任何一小步的改变，都会在结果上带来巨大的不同。当恐惧出现，别逃避，别再让恐惧成为你的阻碍。你的生命之所以暗淡无光，就是因为你屈服于恐惧。你任由恐惧操控你的生活已经很多年，你还想要被控制多久？

著名的诗人鲁米有一句诗是这样写的："到你恐惧的地方去生活。"恐惧跟任何人无关，它只在你的内心，也只有你能够将恐惧驱逐出境。你甚至不需要任何人的许可，你只需要给自己一个承诺：从此刻开始，我接受我的恐惧，并且我愿意去直面它。

在穿越恐惧的过程中，最让人恐惧的就是恐惧本身。但是当你真正穿越了它，你会感觉到自由，无限的自由，你可以任意创造生活的自由。那种美好的感觉，以及带来的力量感和踏实感，让你会有勇气去面对未来生活中的一切未知。只有你亲自体验到了才能明白。

你甚至不需要很勇敢，你只需要对自己的人生做出一份新的承诺：

我要活出我希望的样子，人生短短几十年，不过三万多天，去掉睡觉的时间、养家糊口的时间，其实能真正为自己做一点事情的时间并不多，别再躲在恐惧里了，全然地去创造你想要的生活吧。

-后　记-

到此为止，我们已经完成了这趟有趣的情绪之旅，你收获了什么？情绪还是你之前唯恐避之不及的洪水猛兽吗？如果你善用情绪，情绪会不断将礼物和惊喜送到你面前，让你感受到人生是如此的美好和丰盛。

最后，让我们用一首诗《我会采更多的雏菊》来结束这本书吧。

诗人纳丁·斯特尔在自己87岁高龄的时候，回顾自己的一生，饱含深情地写下这首动人的诗歌。也希望你能在这首诗里找回内在的力量，尽兴地过完此生。

如果我能够从头活过，

我会试着犯更多的错。

我会放松一点，

我会灵活一点。

我会比这一趟过得傻。

很少有什么事情能让我当真。

我会疯狂一些，

我会少讲点卫生。

我会冒更多的险，

我会更经常地旅行。

我会爬更多的山，

游更多的河，

看更多的日落。

我会多吃冰激凌，少吃豆子。

我会惹更多的麻烦，可是不在想象中担忧。

你看，我小心翼翼地稳健地理智地活着，

一个又一个小时，一天又一天。

噢，我有过难忘的时刻。

如果我能够重来一次，

我会要更多这样的时刻。

事实上，我不需要别的什么，

仅仅是时刻，一个接着一个，

而不是每天都操心着以后的漫长日子。

我曾经不论到哪里都不忘记带上

温度计，热水壶，雨伞和降落伞。

如果我能够重来一次，

我会到处走走，什么都试试，并且轻装上阵。

如果我能够从头活过，

我会延长打赤脚的时光，

从尽早的春天，到尽晚的秋天。

我会更经常地逃学，

我不会考那么高的分数，

除非是一不小心。

我会骑更多的旋转木马，

我会采更多的雏菊。